ISSN 0371-327X

SITZUNGSBERICHTE DER SÄCHSISCHEN AKADEMIE
DER WISSENSCHAFTEN ZU LEIPZIG

Mathematisch-naturwissenschaftliche Klasse
Band 115 · Heft 1

HERMANN BERG

WILHELM OSTWALD — ERKENNTNISSE ÜBER DIE BIOSPHÄRE

Mit 7 Abbildungen und 3 Tabellen

AKADEMIE-VERLAG · BERLIN
1981

SITZUNGSBERICHTE DER SÄCHSISCHEN AKADEMIE DER WISSENSCHAFTEN ZU LEIPZIG

MATHEMATISCH-NATURWISSENSCHAFTLICHE KLASSE

Band 109

Heft 1 Prof. Dr. ERICH RAMMLER, Über die Theorien der Braunkohlenbrikettentstehung 1970. 38 Seiten – 13 Abb., davon 2 auf 2 Tafeln – 8° – M 4,–

Heft 2 Prof. Dr. WOLFGANG TUTSCHKE, Stammfunktionen komplexwertiger Funktionen 1970. 20 Seiten – 8° – M 3,70

Heft 3 Dr. habil. GÜNTHER EISENREICH, Zur Syzygientheorie und Theorie des inversen Systems perfekter Ideale und Vektormodule in Polynomringen und Stellenringen 1970. 88 Seiten – 8° – M 10,80

Heft 4 Prof. Dr med. ROLF EMMRICH, Hochdruck und Hyperlipidämie (Hypercholesterinämie) als Risikofaktoren für die Entstehung der Arteriosklerosen 1971. 23 Seiten – 10 Abbildungen – 4 Tabellen – 8° – M 3,90

Heft 5 Prof. Dr. HANS DRISCHEL, Biologische Rhythmen 1972. 57 Seiten – 31 Abbildungen – 1 Tabelle – 8° – M 6,60

Heft 6 Prof. Dr.-Ing. Dr. h. c. KURT SCHWABE, Konzentrierte Elektrolytlösungen – Thermodynamische und kinetische Eigenschaften 1972. 49 Seiten – 27 Abbildungen – 2 Tabellen – 8° – M 7,50

Heft 7 Prof. Dr. WOLFGANG TUTSCHKE, Konstruktion von globalen Lösungen mit vorgeschriebenen Singularitäten bei partiellen komplexen Differentialgleichungssystemen 1972. 24 Seiten – 8° – M 4,50

Band 110

Heft 1 Prof. Dr. h. c. PAUL GÖRLICH, Über die Laser und ihre Anwendung 1972. 24 Seiten – 8° – M 2,30

Heft 2 Prof. Dr. HASSO ESSBACH, Zum Problem der Tumoren im Kindesalter 1972. 24 Seiten – 11 Abbildungen auf 10 Kunstdrucktafeln – 8° – M 6,–

Heft 3 Prof. Dr. med. WALTER BREDNOW, Zur Anthropologie des Schwindels 1973. 17 Seiten – 2 Abbildungen auf 2 Kunstdrucktafeln – 8° – M 2,50

Heft 4 Prof. Dr. h. c. PAUL GÖRLICH, Betrachtungen über den Wissenschaftlichen Gerätebau 1972. 39 Seiten – 8° – M 3,–

Heft 5 Prof. Dr. ERICH RAMMLER, Einige Betrachtungen über Erdgas 1974. 43 Seiten – 8 Abbildungen – 3 Tabellen – 8° – M 4,50

Heft 6 Prof. Dr. GUSTAV E. R. SCHULZE, Zur Rolle des Einfachheitsprinzips im physikalischen Weltbild 1974. 23 Seiten – 4 Abbildungen – 8° – M 2,50

Heft 7 Prof. Dr. med ROLF EMMRICH, Zwischen Leben und Tod. Ärztliche Probleme der Thanatologie 1974. 22 Seiten – 2 Abbildungen – 4 Tabellen – 8° – M 3,50

Band 111

Heft 1 Prof. Dr. WILHELM MAIER, Vom Erbe Bernhard Riemanns 1975. 16 Seiten – 8° – M 2,50

Heft 2 Prof. Dr. med. HANS DRISCHEL, Organismus und geophysikalische Umwelt 1975. 50 Seiten – 25 Abbildungen – 1 Tabelle – 8° – M 7,–

Heft 3 Prof. Dr. MARIA HASSE, Zum Begriff des allgemeinen Produkts von Kategorien 1975. 32 Seiten – 8° – M 5,–

ISSN 0371-327X

SITZUNGSBERICHTE DER SÄCHSISCHEN AKADEMIE
DER WISSENSCHAFTEN ZU LEIPZIG

Mathematisch-naturwissenschaftliche Klasse
Band 115 · Heft 1

HERMANN BERG

WILHELM OSTWALD — ERKENNTNISSE ÜBER DIE BIOSPHÄRE

Mit 7 Abbildungen und 3 Tabellen

AKADEMIE-VERLAG · BERLIN
1981

Vorgetragen in der öffentlichen Sitzung am 10. November 1978
Manuskript eingeliefert am 14. Dezember 1979
Druckfertig erklärt am 1. August 1981

Erschienen im Akademie-Verlag, DDR-1080 Berlin, Leipziger Straße 3—4

Lizenznummer: 202 · 100/523/81
Gesamtherstellung: VEB Druckhaus „Maxim Gorki", 7400 Altenburg
Bestellnummer: 762 897 0 (2027/115/1) · LSV 1305
Printed in GDR
DDR 6,– M

Dem Präsidenten der Sächsischen Akademie der Wissenschaften zu Leipzig, Herrn Prof. Dr.-Ing. Dr. mult. h. c. Kurt SCHWABE aus Anlaß seines 75. Geburtstages in Verehrung zugeeignet

INHALT

Zu W. OSTWALDS Zeiten machte man sich noch sehr widersprüchliche Vorstellungen von der Entstehung des Lebens und dem Mechanismus der Vererbung. Zwar gab es seit 1910 die Theorie der Chromosomen nach Th. MORGAN, seit 1920 hatte H. MULLER deren Mutationsmöglichkeiten nachgewiesen und man wußte um die Existenz von Nukleinsäuren schon seit 1871 durch F. MIESCHER, aber die damaligen Kenntnisse basierten vor allem auf morphologischen Vergleichen, woraus Ch. DARWIN und E. HAECKEL ihre bahnbrechenden Vorstellungen ableiteten. Die Entstehung des Lebens selbst war 1880 durch DU BOIS-REYMOND unter die ewigen Welträtsel versetzt worden. In Leipzig, wo W. OSTWALD bis 1907 Physikalische Chemie lehrte, herrschte in den zwanziger Jahren der Neovitalismus, vertreten durch H. DRIESCH. Daß um die gleiche Zeit A. OPARIN seine grundlegenden Vorstellungen über die Bedingungen für die Entstehung von Leben auf unserem Planeten entwickelte, blieb W. OSTWALD verborgen, wohl weil die russischsprachige Erstausgabe von 1924 nicht nach Mitteleuropa gelangte und die englische Ausgabe [1] erst 1961 bzw. 1968 erschien. Persönliche Eindrücke auf biologischem Gebiet verdankt W. OSTWALD u. a. seinem Lehrer, dem Physiologen C. SCHMIDT, den Sinnesphysiologen G. FECHNER, K. LUDWIG und E. HERING, dem Physiker H. v. HELMHOLTZ, dem Zellphysiologen J. LOEB. Zwar äußerte sich W. OSTWALD über Zusammenhänge [2] zwischen Biologie und Chemie bereits 1903, aber seine wesentlichsten Erkenntnisse reiften in der Stille seines Landhauses „Energie" (Großbothen bei Leipzig), nachdem er die 70 schon überschritten hatte (Abb. 1 und 2). Wie stets begann er auch hierzu mit:

1. Sammeln und Ordnen

1.1. Die Pyramide der Wissenschaften

Seinen Erkenntnissen biologischer Gesetzmäßigkeiten gehen Jahre des Sammelns und Ordnens voraus, die zunächst zur Einordnung der Biologie in sein System der Wissenschaften in Form einer Pyramide führten (Abb. 3). Diese Pyramide baut sich nach folgendem Prinzip auf:

die Wissenschaft mit der größeren Anwendungsbreite, d. h. Anzahl der Forschungsobjekte, bildet jeweils die untere Stufe. Jedes Forschungsobjekt besteht aus einer Summe von Einzeltatsachen, die ebenfalls durch die darunterliegenden Wissenschaften zu analysieren sind. Je höher also eine Wissenschaft in der Pyramide angeordnet ist, desto begrenzter sind ihre Anwendungen, desto ungenauer sind ihre Voraussagen und desto mehr aus anderen Wissenschaften

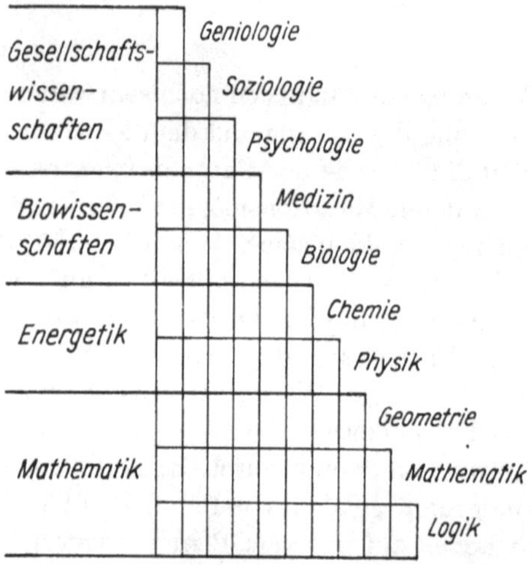

Abb. 3. Pyramide der Wissenschaften, frei nach W. OSTWALD

benötigt sie zur Aufklärung gesetzmäßiger Zusammenhänge. Die Biologie als „die Lehre von solchen chemischen Objekten, welche einen stationären Energiezustand d. h. Ernährung und Fortpflanzung aufweisen" rangiert im Mittelfeld der Pyramide zwischen Chemie und Medizin. An der Spitze steht bei Ostwald die Soziologie, die nach heutiger Einteilung zu den Gesellschaftswissenschaften gehört. Grenzgebiete und Kombinationen, etwa Technik und Landwirtschaft, rangieren nach ihrer höchsten Teildisziplin. Erstere wird wegen ihres soziologischen Anteils oben eingeordnet, letztere wird wegen ihrer fortschreitenden technischen Durchdringung, die W. OSTWALD voraussah, zur Technik gerechnet. Aus der Stellung der Biologie in der Pyramide soll deutlich werden, daß alle biologischen Erscheinungen den Gesetzen der darunter angeordneten Wissenschaften unterworfen sind. Der Biologie „muß die Mittel und Wege der allgemeinen Chemie und Physik kennen, wenn er die Mittel und Wege des Organismus begreifen will" [3]. Andererseits beantwortet W. OSTWALD die Frage, ob die Gesetze der Mathematik, Physik und Chemie genügen, um alle biologischen Erscheinungen zu erklären, wie folgt:

„Ja insofern, als alle biologischen Erscheinungen innerhalb des Rahmens der Möglichkeiten liegen, welche durch jene Wissenschaften gegeben ist. Nein insofern, als innerhalb dieses Rahmens durch die biologischen Tatsachen sicher eine größere Mannigfaltigkeit gegeben wird als durch Physik und Chemie erschöpfend darstellbar sein könnte“ [4] [57].

Davon ausgehend, fragt OSTWALD nun weiter nach dem, was in der Biologie gegenüber Chemie und Physik an neuen Gesetzen hinzutritt und worin die Unterschiede zwischen toter und lebender Materie liegen. Bevor seine Gedankengänge, wie sie der Band 257 von Ostwalds Klassikern enthält, in Beziehung zu damaligen und heutigen Erkenntnissen gesetzt werden sollen, müssen einige Erläuterungen zur Energetik vorausgeschickt werden.

1.2. Energetik

Gemeinsamkeiten von Chemie und Physik sieht W. OSTWALD in energetischer Hinsicht. „Fragt man mich, worin ich den Hauptgedanken der Energetik sehe, so muß ich als solchen die Erkenntnis bezeichnen, daß neben und über den allgemeinen Begriffen Ordnung, Zahl, Größe, Zeit und Raum der Begriff der Energie einzuführen ist als der nächstfolgende Allgemeinbegriff. Ob man der Energie Realität (Wirklichkeit) zuzuschreiben hat, ist eine Frage ohne bestimmten Inhalt, wie man alsbald erkennt, wenn man versucht, die weitere Frage zu beantworten, woran man ein reales Ding oder Wesen erkennen kann. Begnügt man sich mit dem Wortzusammenhang, indem man als wirklich das erklärt, was wirkt, so muß man jedenfalls die Energie und nur sie wirklich nennen. Denn sie ist tatsächlich das Einzige, was man ohne Ausnahme in jeder Wirkung nachweisen kann, sowohl als Empfänger, wie als Betätiger jeder Wirkung“ [5]. Da auch seine Überlegungen in der Biologie ebenfalls stark energetisch geprägt sind, soll an einige Festlegungen aus heutiger Sicht erinnert werden, die OSTWALD in seinen späteren Jahren bereits gleichsinnig verwendet hat.

Der amerikanische Physikochemiker Irving M. KLOTZ kennzeichnet die Energetik wie folgt (Energy Changes in Biochemical Reactions, N. Y. 1 (1967)): „The objective of the field of energetics or thermodynamics is to establish the principles and laws which govern material transformations. Historically speaking, the subject was initially developed with a primary focus on the energy transformations which accompany these materiel changes; hence the name thermodynamics was precisely descriptive of this branch of learning. Starting near the end of the nineteenth century, however, the dominant point of view changed to one that emphasized the development and use of energy functions to describe the state of a material system and to prescribe rules that govern transitions from one state to another. The energy functions are thus used as a method of bookkeeping in correlating the behaviour of matter; hence the name energetics is perhaps more appropriate than thermodynamics to describe this field of knowledge".

Die klassische Betrachtungsweise beschränkt sich auf Energiebilanzen eines abgeschlossenen Systems, d. h. eines ohne Materieaustausch mit seiner Umgebung. Die innere Energieänderung des Systems ΔE wird durch die Differenz von aufgenommener (Q) und abgegebener (W) Energie bestimmt:

$$\Delta E = Q - W \tag{1}$$

Q als Wärmeenergie läßt sich formal zerlegen in einen Intensitätsfaktor T (Temperatur) und den Kapazitätsfaktor Q/T, der als Entropieänderung ΔS von CLAUSIUS bezeichnet wird:

$$Q = T\,Q/T = T\Delta S \tag{2}$$

Unter Berücksichtigung der Druck-Volumenarbeit $P\Delta V$ geht (1) über in

$$\Delta E = T\Delta S - p\Delta V + \Delta G \tag{3}$$

oder mit $\Delta E + p\Delta V = \Delta H$ resultiert für
GIBBS freie Energie ($\triangleq$ freie Enthalpie):

$$\Delta G = \Delta H - T\Delta S \tag{4}$$

Während im thermodynamischen Gleichgewicht gilt

$$\Delta G = 0,$$

können spontane Umsetzungen erfolgen, so lange besteht:

$\Delta G < 0$, gleichgültig of ΔH ($\triangleq \Delta E$ bei biologischen Reaktionen in Lösungen) positiv, null oder negativ ist. ΔG, auch thermodynamisches Potential genannt, zeigt uns die Möglichkeit der Arbeitsleistung eines Systems an. ΔG ist für Reaktionsstandardbedingungen (Konzentrationen der Reaktanten = 1 M) berechenbar z. B. aus der Gleichgewichts-Konstanten K nach

$$\Delta G^\circ = -\,RT \ln K \tag{5}$$

mit der Gaskonstante R, fernerhin aus dem Redoxpotential E° nach

$$\Delta G^\circ = -nFE^\circ \tag{6}$$

mit n = Anzahl ausgetauschter Elektronen, F der Faradaykonstante.

Dieses ΔG (bzw. ΔE) wurde von W. OSTWALD als fundamental auch für die Biologie erkannt, wie in Kapitel 3.2. und 4.2. erläutert werden soll.

2. Lebewesen und Automat

2.1. Das kausale Prinzip

Nachdem für die Biologie der Platz in der Pyramide der Wissenschaften erkannt war, machte sich W. Ostwald schon seit seinem 50. Lebensjahr Gedanken, wie für einen unvoreingenommenen Beobachter ein Lebewesen von einem Kristall oder auch von einem Automaten zu unterscheiden sei. Dafür sind aber die augenfälligen Kriterien wie Fortbewegung, Fortpflanzung und Wachstum (Reproduktion nach einem Bauplan) nicht hinreichend, da auch die Kristalle nach einem Bauplan wachsen und ein denkbarer Automat die anderen Funktionen bewältigen könnte:

„Die Maschine müßte also, um sich oder ihresgleichen dauernd zu erhalten, im ersteren Falle irgendwohin gehen können, wo sie neues Benzin findet, im zweiten müßte sie entweder die zugrunde gehenden Teile selbsttätig ersetzen, oder sie müßte vor dem Eintreten des Bruches selbsttätig eine neue Maschine herstellen können, welche an ihrer Stelle die Arbeit übernimmt. Wenn es eine solche Maschine gäbe, müßten wir sie ein lebendes Wesen nennen" [6], [55].

Daraus wird deutlich, daß weitere Kriterien herangezogen werden müssen. Zunächst läßt sich zeigen, daß beim Kristall und beim Automaten makroskopisch rein kausale Prozesse ablaufen. Somit gilt, daß Unbelebtes nur durch seine Vorgeschichte bestimmt ist, d. h. die Kausalketten reichen aus der Vergangenheit in die Gegenwart und können die Zukunft gesetzmäßig bestimmen. Nach Ostwald wirkt dessen Zukunft niemals auf die Gegenwart zurück. Allerdings bildet der selbstreproduzierbare Automat, wenn es ihn gäbe, hier eine Ausnahme, weil er — gemäß dem obigen Zitat — auch ein 2. Prinzip zu erfüllen vermöchte:

2.2. Das finale Prinzip

Die Reaktionen eines Lebewesens sind weitgehend darauf abgestellt, daß es oder seine Nachkommen zukünftig weiterexistieren können. Das bedeutet „jede Eigenschaft, welche für die Erhaltung des Lebens notwendig ist, findet sich bei jedem Lebewesen vor" [7].

Diese Eigenschaften werden zweckdienlich genutzt für Ernährung, Fortpflanzung, Brutpflege usw. „Dem Stein, dem Fluß, dem Erdball ist es einerlei, was im nächsten Augenblicke mit ihm geschieht, er bewegt sich um kein Haar anders, ob ihm Ruhe oder Untergang bevorsteht. Ein Lebewesen dagegen beschäftigt sich unaufhörlich damit, seine Zukunft im Sinne der Erhaltung und Förderung zu gestalten" [8]. Am stärksten findet sich der Zukunftseinfluß auf die gegenwärtigen Zweckhandlungen beim zivilisierten Menschen, der in hohem Maße seine Vorhaben plant. „Von der primitivsten Form, wie sie sich in der Amöbe als Antwort (Reaktion) äußert, über die zuweilen schon äußerst verwickelten Instinkthandlungen, namentlich bei der Sicherung der Nachkommenschaft bis zu den bewußten wissenschaftlichen Leistungen vorgeschrittenster Menschen besteht eine stetige Reihe solcher Vorausnahmen künftiger Vorgänge, die immer weiter reichen und eine immer stärkere Beeinflussung künftiger Geschehnisse ermöglichen. Darum ist der Mensch der Beherrscher der Erde geworden, weil er weiter und sicherer in die Zukunft schauen und sie gestalten kann, als irgend ein anderes Lebewesen neben ihm. Und innerhalb der Menschenwelt gilt das gleiche Gesetz" [8].

3. Leben und Energie

3.1. Lebenskraft (Vitalismus)

Seit alters her galt die Frage nach dem Leben und seiner Entstehung für irrelevant und wurde im 19. Jahrhundert zu den ewigen Welträtseln gerechnet. Noch im ersten Drittel des 20. Jahrhunderts glaubte H. DRIESCH in den Regenerationsprozessen zur Erreichung von Ganzheit und optimaler Gestalt eindeutige Beweise für das Wirken einer nichtphysikalischen Lebenskraft oder seelenartigen Entelechie zu haben. Wegen der Komplexizität der Lebensprozesse sind vor W. OSTWALD kaum materialistische Vorstellungen geäußert worden. In diesem Sinne war Johann Wilhelm RITTER [9] (1776—1810) auf Grund seiner bioelektrochemischen Experimente und Selbstversuche 1798 zu der Schlußfolgerung gekommen, daß „ein ständiger Galvanismus die Lebensprozesse im Tierreich begleite" [10], ja sogar durch Zufuhr von Elektrizität eine Wiederbelegung u. U. möglich wäre. Weiterführende Hypothesen über bioelektrische Ströme wurden erst in unserem Jahrhundert aufgestellt [60].

3.2. Die Freie Energie ΔG

Ebenfalls anläßlich der Einweihung des biologischen Laboratoriums der kalifornischen Universität zu Berkeley 1903 äußerte W. OSTWALD erstmals:

„Da alle physischen Änderungen sich als räumliche und zeitliche Verschiebungen der verschiedenen Arten der Energie darstellen lassen, so sind also die Lebewesen dadurch gekennzeichnet, daß sie ihren Energiebestand nach Art und Menge annähernd konstant halten, während ein dauernder Strom der verschiedenen Energien sich durch ihren Körper ergießt. Dies kann nach den allgemeinen Gesetzen der Energetik nur in solcher Gestalt stattfinden, daß die Lebewesen Energie höheren Potentials aufnehmen und sie bei niederem Potential abgeben. Inzwischen hat sie zu den Transformationen gedient, aus denen die verschiedenen Lebensbetätigungen (Bewegung, Wärmeerzeugung, Fortpflanzung usw.) des Wesens bestehen" [11]. An gleicher Stelle präzisiert er „Eine chemische Erklärung des Lebens liegt bereits vor; wir zweifeln alle nicht daran, daß Leben ohne chemische Vorgänge, bei welchen freie Energie verfügbar wird, nicht denkbar ist. Woran es fehlt, ist die vollständige Analyse der einzelnen derartigen chemischen Prozesse, welche in lebenden Wesen stattfinden". In seiner populärwissenschaftlichen Darstellung: „Die Mühle des Lebens" [12] sagt er ebenso wie in seiner bionischen Studie [13], 1929: „Die freie Energie, von der alles Leben abhängt ist die Sonnenstrahlung". Durch die Photosynthese werden energiereiche Stoffe gebildet, welche die *Fließgleichgewichte* (vgl. 4.2.) im Lebewesen aufrecht erhalten, in dem sie von außen freie Energie ΔG_e in die Zelle einbringen. Ohne W. Ostwalds Überlegungen zu kennen, stellt 1975 E. Broda den gleichen Gedanken in den Mittelpunkt seiner Monographie: The Evolution of the Bioenergetic Process [14]. Weiterhin macht W. Ostwald auf Probleme der Steuerung größerer Mengen umwandlungsbereiter freier Energie aufmerksam, wobei der menschliche Verstand die maßgebliche Rolle spielt: „Hieraus ergibt sich der Schluß, daß alles Steuern Energie beansprucht. Die Mengen sind oft sehr klein, doch handelt es sich um besonders hochwertige Energien, die nur in besonders dazu befähigten Organen gebildet werden, die wegen der erforderlichen Hochzüchtung leicht geschädigt werden können, insbesondere durch übertriebene Beanspruchung. Dies gilt in erster Linie für die steuernden Organe ausgezeichneter menschlicher Gehirne .... Die Leitung der Arbeiten einer Fabrik oder eines anderen technischen Werks erfordert Steuerungen aller Art, von der Luftklappe bis zum Menschen. Hier erweist sich die Notwendigkeit psychologischer Kenntnisse und Fertigkeiten beim Vorarbeiter, Meister, Direktor, um die Arbeit mit geringstem Aufwand und gutem Güteverhältnis zu erledigen. Es handelt sich hier um eine Anwendung des energetischen Imperativs: *vergeude keine Energie, verwerte sie.* Denn da sich die freie Energie nicht ohne Aufwand beschaffen läßt, kann die Güte oder Zweckmäßigkeit jeder Handlung vergleichsweise durch das Güteverhältnis: erzielte Zweckenergie zu gesamte Energie, gemessen werden, welches einen sicheren Maßstab für alle technischen Betätigungen im weitesten Sinne abgibt" [15].

4. Ruhende und stationäre Gleichgewichte

4.1. Das abgeschlossene System

In einem solchen von der klassischen Thermodynamik betrachteten System kann sich ein makroskopisch ruhendes chemisches Gleichgewicht bei konstanter Temperatur und Druck einstellen. wobei kein Materieaustausch mit der

Umgebung erfolgt. Das einfachste Beispiel wäre die spontane Umwandlung einer Substanz A in B:

$$A \underset{k'}{\overset{k}{\rightleftharpoons}} B \tag{7}$$

Nachdem sich Hin- und Rückreaktion kompensiert haben, läßt sich aus den Gleichgewichtskonzentrationen $\bar{c}_A$ und $\bar{c}_B$ die Gleichgewichtskonstante

$$K = \frac{\bar{c}_B}{\bar{c}_A} \tag{8}$$

und weiterhin ΔG° berechnen (5). Andererseits gilt nach (4): $\Delta G = 0$ und $\Delta S > 0$. Damit hat das System seine Umwandlungsfähigkeit verloren und kann keine freie Energie abgeben. Im biologischen Sinn ist der Tod eingetreten. Um das gleiche System am Leben zu erhalten, muß das System „geöffnet" werden.

4.2. Das offene System im Fließgleichgewicht

W. OSTWALD spricht schon 1903 davon: „Lebewesen sind zunächst nicht stabile, sondern stationäre Gebilde" [2]. 1926 prägte er dafür den Begriff vom fließenden Gleichgewicht bei Lebewesen [16], dessen Bedeutung jedoch erst später erkannt wurde.

In „Das Wesen des Lebens" [17], 1931 formuliert er:

„Die Energetik machte deutlich, daß es sich bei Lebewesen nicht um ruhende, sondern um *fließende Gleichgewichte* handelt, bei denen das Gebilde unter Beibehaltung der Gestalt von einem dauernden Strom von Stoffen oder vielmehr Energien durchflossen wird. Aber die Flamme, der Wasserfall und viele andere unbelebte Gebilde haben die gleiche Eigenschaft; es liegt also nicht ein eigenes Kennzeichen des Lebens vor".

Damit ist Gl. (7) um Zu- und Abfluß von Substanz (Energieträger) zu erweitern:

$$A_e \xrightarrow{\varkappa_A} A \underset{k'}{\overset{k}{\rightleftharpoons}} B \xrightarrow{\varkappa_B} B_e \tag{9}$$

Nach L. v. BERTALANFFY [18], der ab 1940 diese Überlegungen ausgebaut hat, hängen die Konzentrationsänderungen von A und B in Gl. (9) nicht nur von k und k' ab, sondern auch von den Konstanten $\varkappa_A$ und $\varkappa_B$ für Zu- und Abfluß. Wenn die Konzentration c_{Ae} als Quelle und die von c_{Be} als Senke für konstant angesehen werden, folgt für die stationären Konzentrationen im

Fließgleichgewicht (steady state):

$$\bar{c}_A = \frac{k'(\varkappa_A c_{A_e} + \varkappa_B c_{B_e}) + \varkappa_A \varkappa_B c_{A_e}}{\varkappa_A \varkappa_B + \varkappa_A k' + \varkappa_B k} \tag{10}$$

$$\bar{c}_B = \frac{k(\varkappa_A c_{A_e} + \varkappa_B c_{B_e}) + \varkappa_A \varkappa_B c_{B_e}}{\varkappa_A \varkappa_B + \varkappa_A k' + \varkappa_B k} \tag{11}$$

Die gleichen stationären Konzentrationen stellen sich unabhängig von den Ausgangskonzentrationen c_A und c_B ein, welche Eigenschaft L. v. Bertalanffy als äquifinal bezeichnet und dafür als Beispiel die von Driesch an Seeigeleiern studierte embryonale Regulation nennt. Da das amputierte Ei sich regeneriert, um eine lebensfähige Larve zu werden, stellt diese Aquifinalität eine künstlich hervorgerufene finale Entwicklung dar (vgl. 2.2.). Wie W. Ostwald feststellte, laufen im Organismus diese Reaktionen in räumlicher und zeitlicher Ordnung koordiniert ab, wobei nicht nur die Erhöhung der Reaktionsgeschwindigkeit k, k', sondern auch die Änderung von $\bar{c}_A$ und $\bar{c}_B$, wie Gl. (10) und (11) erkennen lassen, durch Katalysatoren oder Enzyme erfolgt. Neben der stofflichen Bilanz nach Gl. (9), (10), (11) unterscheidet sich auch die energetische des fliessenden Gleichgewichtes von der des ruhenden. Im Ostwaldschen Sinne (vgl. Kapitel 3.2.) ist jetzt die innere freie Energie $\Delta G_i < 0$, da ständig externer Nachschub ΔG_e aus der Quelle A erfolgt. Ihre Summe ΔG beträgt:

$$[\Delta G = \Delta G_e + \Delta G_i] < 0, \tag{12}$$

was die „Mühle des Lebens antreibt". Gleichzeitig entsteht im Fließgleichgewicht selbst nach Bertalanffy, I. Prigogine [19] u. a. keine Entropievergrößerung, da negative Entropie (Negentropie nach E. Schrödinger [20] 1946) ständig mit ΔG_e hereingeführt wird, welche die positive Entropie der irreversiblen Systemprozesse ($k' \rightharpoonup 0$) kompensiert. Damit kann das lebende System sogar seine Entropie vermindern, d. h. seinen Ordnungszustand erhöhen, jedoch nur auf Kosten der Entropieerhöhung seiner Umgebung A_e und B_e.

5. Reiz und Reizantwort

5.1. *Streß (Distreß) und Überheilung*

Gemäß der Terminologie von H. Selye [21] ist jedes Lebewesen den vielfältigsten heteronomen Reizen aus seiner Umwelt, d. h. einem ständigen Streß ausgesetzt, der lebensnotwendig ist und den stationären Zustand des Organismus nur reversibel verändert. Hält Streß pausenlos an und überschreitet er das gewohnte Maß, so können langdauernde oder irreparable Schädigungen zurückbleiben. Diesen irreversiblen Fall bezeichnet H. SELYE als Distreß. Dem ist der Mensch heutzutage immer stärker ausgesetzt. Auf der Suche nach einem entscheidenden Unterschied zwischen lebender und toter Materie fand W. OSTWALD die Reizreaktionen als Störungen von Fließgleichgewichten charakteristisch genug. Zwar gab es Vorarbeiten dazu damals von E. HERING, A. PÜTTER, sowie von E. WEBER und G. FECHNER, deren Gesetz eine Beziehung zwischen Intensität der Empfindung E und der Reizstärke R herstellt:

$$E = \text{const.} \log R \tag{13}$$

Während A. BURTON erst 1939 den Zusammenhang zu den möglichen Störungen eines Fließgleichgewichtes [18] aufzeigen konnte, erkannte W. OSTWALD bereits 1927 intuitiv ein generelles Prinzip der Reizantwort, was er als „Überheilung" bezeichnete. Danach antwortet der Organismus auf Beanspruchungen aller Art, die zur Verminderung an Substanz oder Energie führen, mit einem „Überschuß der Gegenwirkung" [22]. Aus Erhaltungsbestreben, d. h. teleonomischen Gründen, kann der Organismus nicht darunter bleiben; den alten Zustand unmittelbar wiederherzustellen, wäre regeltechnisch zu aufwendig. In OSTWALDS Begriffsbildung ist nicht nur der „overshoot" bei reversiblen Störungen eines Fließgleichgewichtes enthalten, sondern auch der irreversible

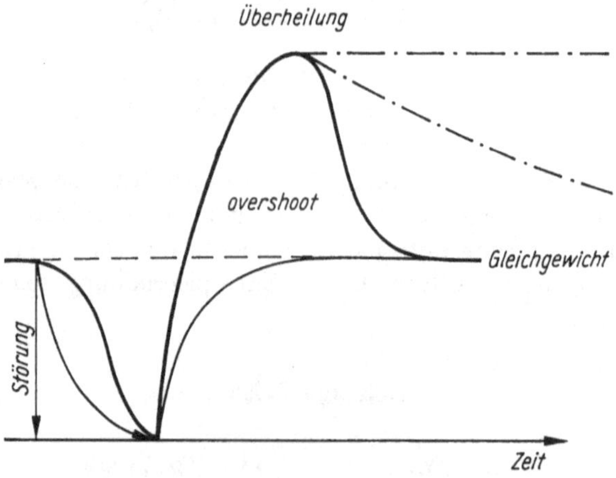

Abb. 4. Zeitlich verschiedenartige Störung von Gleichgewichten und ihre Wiedereinstellungen:
——— ruhendes Gleichgewicht
▬▬▬ Fließgleichgewicht
—·—·— verzögerte Verläufe bei Überheilung (irreversibel)

TAFEL I

Abb. 1. Porträtfoto Wilhelm OSTWALDS um 1928

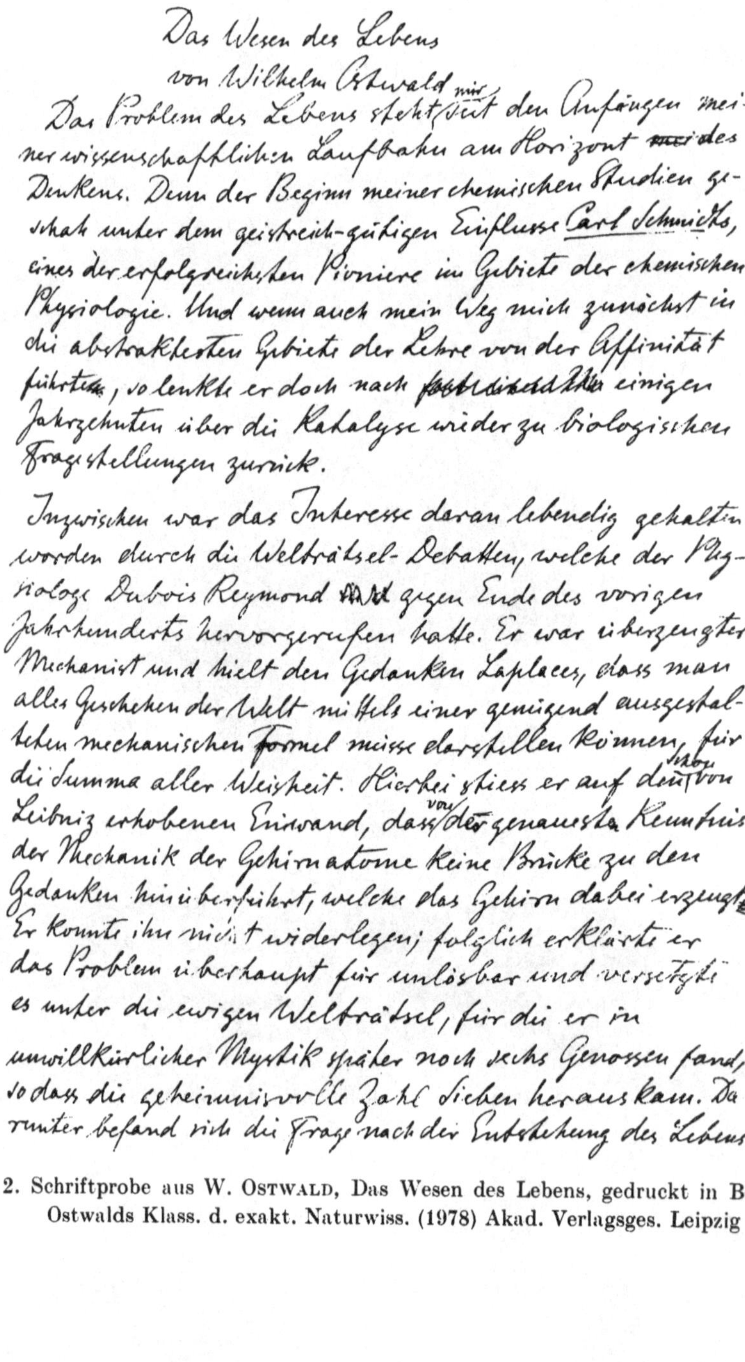

Das Wesen des Lebens

von Wilhelm Ostwald

Das Problem des Lebens steht mir seit den Anfängen meiner wissenschaftlichen Laufbahn am Horizont des Denkens. Denn der Beginn meiner chemischen Studien geschah unter dem geistreich-gütigen Einflusse Carl Schmidts, eines der erfolgreichsten Pioniere im Gebiete der chemischen Physiologie. Und wenn auch mein Weg mich zunächst in die abstraktesten Gebiete der Lehre von der Affinität führte, so lenkte er doch nach einigen Jahrzehnten über die Katalyse wieder zu biologischen Fragestellungen zurück.

Inzwischen war das Interesse daran lebendig gehalten worden durch die Welträtsel-Debatten, welche der Physiologe Dubois Reymond gegen Ende des vorigen Jahrhunderts hervorgerufen hatte. Er war überzeugter Mechanist und hielt den Gedanken Laplaces, dass man alles Geschehen der Welt mittels einer genügend ausgestalteten mechanischen Formel müsse darstellen können, für die Summa aller Weisheit. Hierbei stiess er auf den schon von Leibniz erhobenen Einwand, dass von der genauesten Kenntnis der Mechanik der Gehirnatome keine Brücke zu den Gedanken hinüberführt, welche das Gehirn dabei erzeugt. Er konnte ihn nicht widerlegen; folglich erklärte er das Problem überhaupt für unlösbar und versetzte es unter die ewigen Welträtsel, für die er in unwillkürlicher Mystik später noch sechs Genossen fand, so dass die geheimnisvolle Zahl sieben herauskam. Darunter befand sich die Frage nach der Entstehung des Lebens.

Abb. 2. Schriftprobe aus W. OSTWALD, Das Wesen des Lebens, gedruckt in Bd. 257 Ostwalds Klass. d. exakt. Naturwiss. (1978) Akad. Verlagsges. Leipzig

Abb. 7. Die Niagarafälle (Ausschnitt, gemalt von W. OSTWALD) als Sinnbild der Energie für die „Mühle des Lebens“

Respons mit Langzeitveränderungen (Abb. 4). Hierfür erörtert W. OSTWALD eine Reihe von Beispielen [22], die in Tabelle 1 angedeutet sind.
Angesichts dieser für das Leben wesentlichen Vorgänge kann W. OSTWALD nicht umhin, die Überheilung als ein biologisches Urphänomen zu deklarieren. Im Anorganischen kennt man zwar Abnutzung und sogar bei selbstreparierenden und lernenden Automaten die identische Reparatur oder Adaptation, aber keine derartigen nichtlinearen Regelungen und Koordinationsvorgänge. Damit

Tabelle 1

Beispiele für Überheilungen

Reiz	Reizantwort	Überheilung
1. Katabolismus	Anabolismus	Wachstum (Keim → Organismus)
2. Erlebnisse	Gedächtnisausprägung	Lernvorrat
3. Training (körperl.)	Leistungsanstieg	Konstitutionsverbesserung
4. Stimulierungen (medikam.)	Höchstleistung	Spitzenleistungen (körperl. und geistig)
5. Verletzungen	Wundheilungen	Gewebeverstärkung
6. Antigene	Antikörper	Immunisierung
7. Gifte/Heilmittel	Entgiftung/Rezeption	Gewöhnung/Heilung

dürfte trotz aller phänomenologischer Betrachtungsweise außer der *Teleonomie* als zweites Unterscheidungskriterium die *Überheilung* zu gelten haben; hierin ist die Biologie „autonom".

Der Grad der Überheilung ist abhängig vom Lebensalter, indem „der Betrag der Überheilung nach gleicher Beanspruchung in der Jugend am größten ist und mit zunehmendem Alter sich bis zu Null und negativen Werten vermindert. Man kann sich diese Verhältnisse unter dem Bilde veranschaulichen, daß das Lebewesen mit einem bestimmten Betrag eines positiven Katalysators beginnt, der die Überheilung bewirkt und durch das Leben langsam verbraucht wird. Aber man kann auch annehmen, daß durch das Leben ein negativer Katalysator entsteht, der den vorhandenen positiven mehr und mehr „vergiftet" und seiner Wirksamkeit beraubt. Sache späterer Forschung wird es sein, festzustellen, ob eine dieser Vorstellungen sich mit den Tatsachen genügend deckt, und anderenfalls passendere Hypothesen auszubilden. Jedenfalls erkennt man, daß man von hier dem Problem des Alterns und der künstlichen Verjüngung auf rationelle Weise näherkommen kann.

Allgemein wird man schon jetzt sagen können, daß starke Beanspruchung zum Zweck der Leistungssteigerung durch Überheilung hauptsächlich in der Jugend zu üben ist. Je älter das Lebewesen wird, um so weniger kann man auf Erfolge in solcher Richtung rechnen; vielmehr geht die Aufgabe mehr und mehr in die der Schonung der Organe durch Vermeidung von Überbeanspruchungen über" [23].

Die negative Überheilung ($\equiv$ Unterheilung) wäre demnach der gleiche Zustand wie Distreß. Das Beispiel 4 illustriert W. OSTWALD wie folgt [23] „Hier nun läßt sich eine Technik denken, durch welche begabte Personen mittels sorgsam bemessener Dosen geeigneter Reizmittel zu außerordentlichen Leistungen befähigt werden können, die sie sonst nicht erreichen würden. Schaltet man gehörige Erholungsperioden dazwischen, so lassen sich solche Leistungen wiederholt bewirken, ohne daß die so behandelte Person einen organischen Schaden erleidet. Anfänge einer solchen Technik lassen sich im Sport beobachten, dessen gegenwärtige Entwicklung durchaus auf Spitzenleistungen gerichtet ist und jene erste Klasse dauernder guter Mittelleistungen zum Nachteil der Sache vernachlässigt. Hier ist auch die nötige Trennung zwischen dem beaufsichtigenden Fachmann, der die Bedingungen des „Training" anordnet und überwacht, und dem Subjekt, an welchem dieses bewerkstelligt wird, vollkommen durchgeführt. Bei dem Geistesarbeiter muß dagegen bisher das Subjekt sein eigener Trainer sein, der die nötigen Erfahrungen meist erst auf Kosten ebenderselben Leistungsfähigkeit sammelt, deren Erhaltung und Steigerung er durchführen soll". Eingehender analysiert er die chemische Überheilung (Beispiel 7) anhand der Wirklinie von Pharmaka.

5.2. Die Wirklinie

Die Wirklinie eines Pharmakons wird durch die ausgezogene Kurve der Abb. 5 dargestellt. Wirkung (W) als Funktion der Verdünnung D ($\equiv$ reziproke Konzentration)

$$W = f\,(\log D) = f\left(\log \frac{1}{c}\right) \tag{14}$$

Während in großer Verdünnung praktisch keine Heilwirkung feststellbar ist, folgt ein Anstieg, der etwa Gl. (13) in der Erweiterung nach BURTON [18] entspricht, und schließlich wird ein Höchstwert erreicht. Eine weitere Konzentrationssteigerung jedoch führt zum Umschlag (Punkt S) in die Giftwirkung und führt zum Tode. In den gleichen Punkt t mündet die (unterbrochene) „Giftlinie", welche der Organismus einschlägt, wenn er keine Abwehr (Überheilung) mobilisieren kann. Jeder Organismus hat für das gleiche Pharmakon seine spezifische Wirklinie, die je nach Empfindlichkeit gegen die Verdünnungsachse verschoben ist. Die Entfernung der Wirklinie davon ist ein Maß für das Überheilungsvermögen, was von W. OSTWALD als *Lebensbreite* benannt wurde. Um herauszufinden, ob sich der Patient bei einer bestimmten therapeutischen Gabe im optimalen Bereich seiner Wirklinie befindet, sollte man zunächst die Wirkung bei mehreren Konzentrationen beobachten, um — so W. OSTWALD — etwas unterhalb des Höchstwertes zu gelangen.

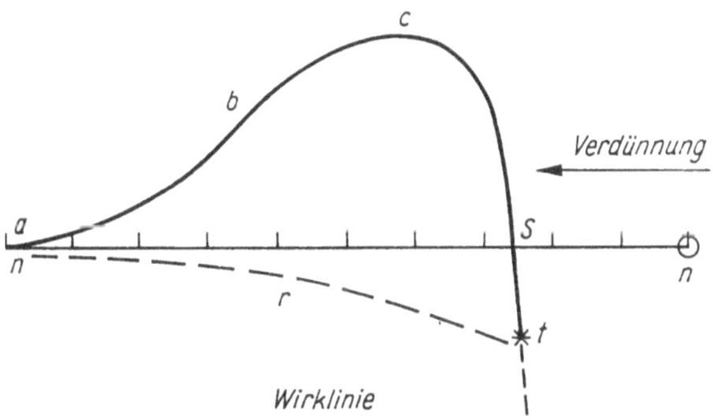

Abb. 5. Die Wirklinie (Beschreibung im Text)

6. Intelligenz und Orginalität (Kreativität)

Während die vorgenannten generellen Gesetzmäßigkeiten des Lebens ihm erst in seinen späteren Lebensjahren klarer wurden, ist W. OSTWALD der Frage, wie die genialen Leistungen der großen Forscher zustande kommen, schon seit Beginn des Jahrhunderts nachgegangen, wobei u. a. die Ergebnisse von DE CANDOLLE [24] über Gelehrtenfamilien von Einfluß gewesen sind (vgl. Tabelle 2). Die Begriffe *originell* und *originality* sind zur Charakterisierung des Genies schon 1776 von Jacob Friedrich ABEL [25] sowie 1859 von John Stuart MILL verwendet worden.

Als Frucht seiner Studien erschien 1909 sein vielbeachtetes Buch „Große Männer" [26]. Hierin begründet W. OSTWALD die an der Spitze seiner Pyramide der Wissenschaften stehende Geniologie, das Forschungsgebiet der Originalität oder Kreativität (im heutigen Sprachgebrauch).

6.1. Auslese und Förderung

Der Anstoß zu intensiverem Suchen nach Gesetzmäßigkeiten kam überraschenderweise aus Japan, welches nach dem Russisch-Japanischem Krieg seine Wirtschaft modernisieren wollte. OSTWALD erinnert sich: „Während mei-

Tabelle 2

Auswärtige Mitglieder der Französischen Akademie der Wissenschaften. Zeitraum d. Ernennung 1821—1864, nach DE CANDOLLE

Jahr der Ernenn.	Name	Wissenschaft	Geburtsort	Wohnort	Nationalität	Bekenntnis	Beruf oder soziale Stellung des Vaters
1821	Gauß	Mathematiker	Braunschweig	Göttingen	Deutschland	P.	Ziegelbrenner.
1821	Berzelius	Chemiker	Westerlösa	Stockholm	Schweden	P.	Pastor.
1823	Wollaston	Chemiker	London	London	England	P.	Pastor.
1826	De Candolle (A.-P.)	Botaniker	Genf	Genf	Schweiz	P.	Verwaltungsbeamter, Rentier.
1827	Young (Thomas)	Mediziner, Phys.	Milverton (Engl.)	London	England	P.K.	KaufmannT v.d.Ges.d.Quäk.).
1829	Olbers	Mathematiker	Arbergen	Bremen	Deutschland	P.	Pastor.
1830	Dalton	Physiker	Eaglesfield (Engl.)	Manchester	England	P.	Kaufmann (v.d.Ges.d.Quäk.).
1830	Blumenbach	Zoologe	Gotha	Göttingen	Deutschland	P.	Pastor.
1832	Brown (Robert)	Botaniker	Schottland	London	England	P.	Pastor.
1840	Von Buch	Geologe	Stolp	Berlin	Deutschland	P.	Edelmann.
1840	Bessel	Astronom	Minden	Göttingen	Deutschland	P.	Justizrat.
1842	Oerstedt (J.-Christ.)	Physiker	Rudkjoebing	Kopenhagen	Dänemark	P.	Apotheker
1844	Faraday	Chemiker	Newingtonb.Lo.	London	England	P.	Hufschmied.
1846	Jacobi	Astronom	Potsdam	Königsberg	Deutschland	P.	Kaufmann.
1849	Brewster (Sir David)	Physiker	Sedburgh (Schttl.)	Edinburgh	England	P.	Schuldirektor.
1851	Tiedemann	Anatom	Kassel	Frankfurt	Deutschland		Philosoph.
1852	Mitscherlich	Mineraloge	Neurade	Berlin	Deutschland	P.	Pastor.
1854	Lejeune-Dirichlet	Mathematiker	Düren (Rheinl.)	Berlin	Deutschland	K.	Postdirektor in Düren.
1855	Herschel (Sohn, Sir John)	Astronom	Slow b. Windsor	London	England	P.	Berühmter Astronom.
1859	Owen	Zoologe	Lancastre (Engl.)	London	England	P.	Fabrikant.
1860	Plana	Astronom	Voghera	Turin	Italien	K.	Edelmann.
1860	Ehrenberg	Naturforscher	Delitsch (Sachs.)	Berlin	Deutschland	P.	Gemeindebeamter
1861	Liebig	Chemiker	Darmstadt	München	Deutschland	P.	Drogist.
1864	Woehler	Chemiker	Eschersheim	Göttingen	Deutschland	P.	Ohne Vermögen.
1864	De la Rive (Auguste)	Physiker	Genf	Genf	Schweiz	P.	Doktor, Professor usw.

ner Professorenzeit richtete einmal einer meiner japanischen Schüler im Auftrage seiner heimischen Unterrichtsverwaltung die Frage an mich, wie man künftige ausgezeichnete Leute recht frühzeitig erkennen könne. Auf meine etwas verwunderte Gegenfrage, wozu man das wissen wolle, erhielt ich die Antwort, daß es sich um eine höchst praktische Angelegenheit handle. Es waren bedeutende Summen von der Regierung angewiesen, um insbesondere aus den ärmeren Schichten der Bevölkerung solche Individuen ausfindig zu machen und zu entwickeln, von denen man später erhebliche Leistungen, also auch einen entsprechenden Nutzen für ihr Vaterland erwarten könne. Nun war man eben daran, die Grundsätze festzustellen, nach denen diese Summen verwendet werden sollten, und hierbei war das erwähnte Problem entstanden. Da mir in nicht geringer Anzahl junge Leute durch die Hände gegangen waren, aus denen hernach hervorragende Gelehrte geworden sind, so nahm man an, daß ich irgendein Mittel hätte, solche Menschen früh zu erkennen, um sie festzuhalten und auszubilden" [26].

Diese nach wie vor höchst aktuelle Frage:

wie findet man die Kreativen frühzeitig unter den Intelligenten heraus? hat W. Oswald immer wieder beschäftigt, wobei er zunächst das Schulsystem und seine Einflüsse auf die geistige Entwicklung analysierte. Während der Kindergarten einerseits und die Universität m. E. von Ostwald gelobt wurden, wendet sich seine harte Kritik gegen das klassische Bildungsideal des Lateingymnasiums. Er fordert vor allem Verstärkung des naturwissenschaftlichen Unterrichts, wie das heute längst verwirklicht ist. Er beklagt die Verhinderung der „Ausgestaltung der denkerischen Persönlichkeit". Das Schulklassensystem, wonach alle Schüler trotz unterschiedlichster Begabung das gleiche Pensum vorgesetzt bekommen, will er durch unabhängige Unterrichtsgänge mit Selbststudium ersetzen, wodurch der Lehrer weniger Energie zu vergeuden brauche.

Anläßlich einer Ansprache zur Einweihung des Denkmals für Ernst Abbe, den er ob seiner Uneigennützigkeit hoch verehrte, greift W. Ostwald dessen Förderungsabsichten für zukünftige ausgezeichnete Mitarbeiter auf, schlägt eine „Ernst Abbe Stiftung zur Förderung ungewöhnlicher Begabungen" vor und formuliert [27] die „Kennzeichen außergewöhnlicher Begabung im Alter von 13—16 Jahren:

1. Frühreife
2. Der Knabe strebt über die Schule hinaus, da deren Lehrinhalt ihm nicht genügt.
3. Daher entstehen nicht selten Konflikte mit der Schule, die mit zunehmendem Alter schnell schärfer werden. Die Auskunft des Lehrers ist deshalb mit Vorsicht aufzunehmen; sie lautet meist dahin, daß der Schüler zwar früher

ausgezeichnet gewesen sei, daß er aber inzwischen sich durch Allotria leider von seiner Pflicht allzusehr habe abziehen lassen.

4. Der Knabe leistet einseitige, d. h. um ein bestimmtes Hauptinteresse orientierte freiwillige Arbeit in großer Intensität.
5. Deutliche Spuren schöpferischer, d. h. erfindender oder unabhängig gestaltender Tätigkeit, wie Sammlungen, schriftliche Arbeiten, physikalische oder chemische Experimente.
6. Häufig weiß er seine Altersgenossen zu gemeinsamer derartiger Betätigung anzuregen, wobei er als Führer wirkt.
7. Er weiß sich auf allerlei Wegen Bücher zur Befriedigung seiner Wißbegierde zu verschaffen.
8. Er hat oft einen älteren Freund (Vater, Onkel, Bekannter), der ihm bei seinen Bestrebungen hilft; dieser wird die beste Auskunft über ihn und seine Begabung geben können.
9. Die Möglichkeit, in dem erwählten Gebiete frei arbeiten zu können, erscheint ihm als das höchste, was er sich irgendwie wünschen könnte; insbesondere zieht er sie jeder anderweitigen Aussicht auf Gewinn oder Auszeichnung vor.
10. Seine gleichaltrigen Genossen bezeugen ihm gegenüber eine Mischung von Spott und Respekt; was von beiden Seiten vorwiegt, hängt von seinem Naturell und wohl auch von der Beschaffenheit seines Elternhauses ab. Seine meist nicht zahlreichen Freunde sind besonders eingehend zu befragen.“

Diese Kriterien findet man häufig bestätigt in den Biographien bekannter Wissenschaftler, die meist nicht ohne Konflikte zum Studium gekommen sind. So berichtet W. OSTWALD von seinem Bildungsweg [28]: „daß diese leidenschaftlich betriebenen eigenen Arbeiten den Fortschritten in der Schule nichts weniger als zuträglich waren, läßt sich denken; es machte sich dahin geltend, daß ich nicht rechtzeitig versetzt wurde, sondern einige Jahre länger die Klassenbänke drücken mußte. Als indessen die ordnungsmäßigen Versuche, mir die berühmte „harmonische“ Bildung aufzuzwingen, sich als unausführbar erwiesen, während meine chemischen Bestrebungen einigen Lehrern bekannt geworden waren, ließ man mich mit Ach und Krach in die höheren Klassen aufsteigen. Hierbei verdanke ich wiederum außerordentlich viel meinem Lehrer Schweder, der mir nicht nur mit Büchern forthalf, sondern auf den Lehrerkonferenzen wirksam für mich eintrat. Ich weiß nicht, ob nicht ohne diese Hilfe auch bei mir der wissenschaftliche Trieb dem Moloch der harmonischen Bildung zum Opfer gefallen wäre.

Als dann endlich in der Prima der zweistündige Chemieunterricht einsetzte, hatte ich die hierfür vorgesehenen Kenntnisse mir längst auf eigene Hand erworben. Ich galt unter meinen Klassengenossen als Autorität auf diesem

Gebiete und bekam in solcher Eigenschaft von einem Banknachbarn ein goldglänzendes Material anvertraut, auf dessen Fund er ausschweifende Hoffnungen gründete. Ich konnte durch analytische Reaktionen nachweisen, daß es leider nur Schwefelkies war. Für mich war dies mehr als Gold wert, denn diese glücklich durchgeführte Untersuchung entschied bei mir den Entschluß, jedenfalls Chemie zu studieren, und nicht Ingenieur zu werden, wie mein Vater wünschte. Ich empfinde noch jetzt den Dank, mit dem ich dann seinen Entschluß begrüßte, mir meinen Willen zu lassen. Neujahr 1872 gings nach Dorpat."

Fünfzig Jahre später ging es M. v. Ardenne [29] ganz ähnlich:

„Sehr schnell erreichte mein Experimentieren eine Intensität, die meine Eltern veranlaßte, mir die Erlaubnis zu geben, die zweite Toilette der Wohnung für meine Versuche zu benutzen. Diese Räumlichkeit eignetete sich mit ihren Armaturen und der zufälligen Nähe eines Gashahnes hervorragend als provisorisches Laboratorium. ... Mein Lehrer in den Fächern Physik, Chemie und Mathematik bemerkte meine Kenntnisse und traf eine ganz ungewöhnliche Entscheidung: Er überließ mir nach kurzer Vorbesprechung Aufbau und Durchführung der für die nächste Unterrichtsstunde vorgesehenen Experimente. Außerdem erhielt ich die Erlaubnis, mit den Schulapparaten im Vorbereitungszimmer private Versuche abzuwickeln. ... Natürlich blieb es nicht ohne nachteilige Folgen, daß ich mich so einseitig nur für die Naturwissenschaften interessierte. Im Laufe der Jahre verschlechterten sich meine Noten in den anderen Fächern, vor allem in den Sprachen, ständig. Außerdem hatte ich kurz vor dem sogenannten Einjährigen-Examen das Pech, zum Direktor zitiert zu werden. Durch eine heftige Natriumexplosion war mein Tintenfaß zerstört worden. Ort und Urheber des Ereignisses ließen sich infolge der dabei entstandenen „Farbmarkierung" nicht verheimlichen. Das Zusammenwirken beider Momente hatte zur Folge, daß ich die Prüfung nicht bestand, obwohl mein Physik-, Chemie- und Mathematiklehrer im Konzilium mit größtem Nachdruck für mich eingetreten sein soll. ... Im Sommer 1923 erhielt Dr. Loewe über den gleichen Sender eine von Schallplattenmusik begleitete Ansprache an die im großen Physiksaal meiner Schule versammelten oberen Klassen. Meine Empfangsgeräte waren für diesen Tag hier aufgestellt worden. In dem „Radio"-Vortrag ging es um die großen Zukunftsaussichten der Hochfrequenztechnik im allgemeinen und den Zweck des Rundfunks im besonderen. Ein Nebenziel dieser Veranstaltung war, bei der anwesenden Lehrerschaft den Eindruck meiner sich unaufhaltsam verschlechternden Schulleistungen in den naturwissenschaftlichen Fächern zu kompensieren. Auch in dieser Hinsicht war die Veranstaltung ein Erfolg. Das Lehrerkollegium war tatsächlich derart beeindruckt, daß ich in die nächsthöhere Klasse aufrücken durfte, allerdings unter der Bedingung, mit Primareife von der Schule abzugehen."

Diese Beispiele ließen sich bis zu EINSTEINS Schulproblemen beliebig erweitern, so daß sich die Frage erhebt, was wäre wenn diese Spezialbegabungen nicht doch noch den Weg zur Wissenschaft gefunden hätten? Wieviele mögen aber an Schwierigkeiten und Schranken gescheitert sein?

6.2. *Ergebnisse der Geniologie*

Die Spitze der Wissenschaftspyramide (Abb. 3) bildend, ist die Geniologie, die Erforschung der Kreativität, am schwierigsten und wurde damals allgemein angezweifelt. OSTWALD dagegen folgte seinem Leitmotiv [30]: „Von dem allgemeinsten Grundgedanken der Wissenschaft ausgehend, daß es in der ganzen ungeheuren Welt unseres inneren wie äußeren Lebens nichts, aber auch nichts gibt, was nicht Gegenstand einer Wissenschaft ist oder werden könnte, kommt man zu der Forderung, daß auch das Erfinden wissenschaftlich erfaßt, aufgeklärt und in der Ausführung reicher und sicherer gemacht werden können, als es zur Zeit ist".

Ähnlich wie DE CANDOLLE (vgl. Tabelle 2) sammelt W. OSTWALD zunächst weiteres Material und entnimmt daraus, „daß die Leistungslinien der genialen Menschen zwei Höhepunkte aufweisen können, von denen der eine etwa um das 25. Lebensjahr (vielleicht etwas früher) liegt und der andere unbestimmtere etwa um das fünfzigste oder noch weiter hinaus. Hieraus ist zunächst der Schluß zu ziehen, daß es sich bei diesen schöpferischen Leistungen um eine ziemlich zusammengesetzte Erscheinung handelt, die von einer ganzen Anzahl verschiedener Faktoren bestimmt wird. Damit werden die Versuche, das Genie durch ein Kennzeichen zu definieren, wie etwa: Genie ist Fleiß, oder Genie ist Wahnsinn, als unzulänglich erledigt. Sie weisen bestenfalls auf einen der vielen wirksamen Faktoren hin, können aber das Problem keinesfalls erschöpfen. Vielmehr wird es nötig sein, diese Faktoren einzeln aufzusuchen. Um einen Anfang zu machen, fragen wir zunächst, welche allgemeine Eigenschaft jugendlicher Menschen sich bis zum genialen Werk steigern kann" [31]. Als Beispiele der frühen Phase gelten: LIEBIG, BERZELIUS, THOMSON, NEWTON, VAN'T HOFF, ARRHENIUS, NERNST, ABEL, LINNÉ, JOULE, MOSELEY, DE BROGLIE, SCHRÖDINGER, BOHR, HEISENBERG, EINSTEIN. „Die Leistung des jugendlichen Genius ist regelmäßig durch die Kühnheit, meist auch durch die Einfachheit des neuen Gedankens gekennzeichnet, was ja beides sich nahesteht. Die Formung solcher Gedanken wird hier durch ein gewisses Maß von Unwissenheit bezüglich früherer Denkversuche sehr erleichtert. Je genauer man diese kennt, um so schwieriger wird es, diese Gleise zu verlassen und einen ganz neuen Weg zu versuchen. Natürlich ergeben solche jugendliche Vorstöße in den meisten Fällen Gedanken, die schon früher gedacht wurden und nur dem jungen Entdecker neu sind: damit beginnt auch der Höchstbegabte. Aber dazwischen erscheint auch wirklich Neues, dann bestätigt sich die Kühnheit des Genius. Denn er hat keine Angst vor dem Absurden, d. h., was zu seiner Zeit als absurd gilt. Vielmehr bewirkt der Energieüberschuß der jungen Jahre, daß er solche Schwierigkeiten eher willkommen heißt. Jetzt hängt alles davon ab, wie weit in ihm die Fähigkeit zur Selbstkritik entwickelt ist, die ihn die schönsten Einfälle verwerfen läßt, wenn sie den Tatsachen nicht gerecht werden“ [32].

Indem er den Arbeitsstil berühmter Wissenschaftler des 19. Jahrhunderts analysierte, kam W. OSTWALD zu der Erkenntnis, daß sich zwei gegensätzliche Temperamenttypen unterscheiden lassen. Der „Klassiker“ arbeitet langsam und stetig an einem Problem und gräbt in die Tiefe gemäß: Pauca sed matura. Der Romantiker dagegen verarbeitet seine Ideenfülle schnell und wirkt in die Breite. Letzterer muß zur Realisierung Schüler zur Hilfe nehmen, die er zu begeistern vermag. Seine ausgeprägte Lehrtätigkeit führt zur Bildung einer „Schule“. Das Lehrer-Schüler-Verhaltnis schildert W. OSTWALD aus seinen reichen Erfahrungen mit in- und ausländischen Studenten [33].“ Bei der Ausbildung zu eigener wissenschaftlicher Tätigkeit, welche jetzt (im Gegensatz zu der früher üblichen Ausbildung in der bloßen Beherrschung des Vorhandenen) die eigentliche Aufgabe der Universität ist, ist das Nächstliegende, daß der Lehrer den Schüler an seinen eigenen wissenschaftlichen Arbeiten beteiligt und ihn so an einem Punkte in die Forschertätigkeit einführt, den er selbst eben ganz beherrscht und der ihn mit dem lebhaftesten Interesse erfüllt. Hieraus ergibt sich ein psychologisches Moment, das für den Einfluß des Lehrers von größter Bedeutung ist, denn nichts teilt sich dem empfänglichen Gemüte des Jüngers leichter mit als ehrliche Begeisterung des Lehrers für seine Sache. Ja wir sehen oft, daß dessen Ansichten von den Schülern viel leidenschaftlicher und rücksichtsloser vertreten werden als von ihm selbst. Neben großen Vorzügen hat aber dies Verfahren den Nachteil, daß es die Gefahr einer gewissen Einseitigkeit für den Schüler mit sich bringt. Nun gehöre ich allerdings zu den wohl noch wenig zahlreichen Leuten, denen die Redensart von der „abgeschlossenen Bildung“ eine mit Abscheu gemischte Verachtung einflößt. Bildung ist ihrer Natur nach nie abgeschlossen, denn die Mannigfaltigkeit der Erscheinung in der Wirklichkeit ist überall unendlich, und so müßte es auch eine Bildung sein.“ [33]

Umgekehrt wird dem zurückhaltenden Klassiker mit engerem Wirkungskreis nicht so leicht die Anerkennung zuteil, da seine Ergebnisse in ihrer Tragweite erst viel später erkannt werden.

Als Klassiker charakterisiert er in „Große Männer“: J. NEWTON, J. R. MAYER, M. FARADAY, H. HELMHOLTZ, K. GAUSS, L. BOLTZMANN, W. GIBBS, F. NEUMANN. Zu den Romantikern gehören: H. DAVY, J. LIEBIG, CH. GERHARDT, W. THOMSON, R. BUNSEN; hinzukommen W. OSTWALD selbst sowie

M. v. ARDENNE. Gemeinsam weisen Klassiker und Romantiker die eingangs genannten Tendenzen in ihrer Jugend auf [32].

OSTWALDS Überlegungen, die in seinen gesellschaftskritischen Schriften immer wieder anklingen, bilden die Grundlage der Geniologie. Dabei stellt er die Einzelpersönlichkeit und deren Veranlagung als Entdecker in den Mittelpunkt.

Aber nicht genug damit, sieht W. OSTWALD die Organisation der Wissenschaft [34] als vordringliche Aufgabe der Zukunft und fordert, daß ein Organisator für mehrere Wissenschaftler verantwortlich ist. Man könnte diesen Zusammenschluß als eine Vorform des heutigen wissenschaftlichen Kollektivs (teamwork) ansehen. Der Wissenschaftsorganisator soll vor allem die Mittel für die Forschungsarbeit beschaffen, die Verwaltungsarbeit vom Wissenschaftler fernhalten und die Nutzung einschließlich der Propagierung der Resultate in der Industrie organisieren. Ein guter Organisator soll über die gleichen Intelligenzeigenschaften (Beobachtungsfähigkeit, Gedächtnis, Reflektion, Logik, Abstraktionsvermögen) verfügen wie der Wissenschaftler und zusätzlich Menschenkenntnis, Menschenführung, Organisationstalent (Management) und den Blick für das Realisierbare besitzen: „Ein Organisator in der Wissenschaft kann aber nur einer sein, der auch Entdecker war, da er sonst keinen Maßstab für das besitzt, was er organisieren will. Das Umgekehrte ist nicht nötig, denn einem großen Teil der Entdecker fehlt die organisatorische Fähigkeit“ [35].

Demgegenüber sollte beim Wissenschaftler die Originalität (Kreativität, Schöpferkraft) an erster Stelle stehen. Eine Analyse dieser höchsten Form geistiger Tätigkeit gibt OSTWALD zunächst anhand von Beschreibungen der Leistungen berühmter Gelehrter [26]. Dadurch erreichte er gleichzeitig eine Vorbildwirkung auf die Jugend. Auch ich erinnere mich daran, mit etwa 14 Jahren seine „Große Männer“ in einer Leihbücherei entdeckt und mit großer Spannung und nachhaltiger Belehrung gelesen zu haben.

Für den Entdecker oder den Erfinder ist die schöpferische Phantasie gleichermaßen Vorbedingung [36]: „Als der eigentliche schöpferische Gedanke gilt in der Kunst wie in der Wissenschaft der scheinbar zusammenhangslos auftretende Einfall, das Apercu nach GOETHE, die Intuition nach heutiger Ausdrucksweise. Er ist dadurch gekennzeichnet, daß er, oft erst nach langem vergeblichen Suchen, plötzlich erscheint wie ein Geschenk aus dem Schoße der Götter, etwa am Morgen beim Aufwachen oder auf einem Spaziergange oder sonst in einem Augenblicke, wo der glückliche Empfänger durchaus nicht unmittelbar über die Sache nachdachte oder gar bewußt nach der Lösung suchte.

Es ist also ein Vorgang, der sich im Unterbewußtsein so weit vorbereitet hat, daß das Ergebnis nahezu fertig und wenigstens in der Hauptsache richtig plötzlich im Bewußtsein auftaucht. Da er nicht absichtlich hervorgerufen werden kann, hat man ihn von jeher anderen Kräften oder Mächten zugeschrieben als denen, die dem normalen Menschen beständig zu Gebote stehen, und noch heute verknüpft die Mehrzahl der Menschen, welche über solche Erscheinungen sprechen oder schreiben, ausgeprägt mystische Vorstellungen mit ihnen, wenn sie auch in anderer Hinsicht ganz vernünftig sind, zum Zeichen, daß sie an ein wissenschaftliches Verständnis dieser schönen und wichtigen Vorgänge nicht denken". Für den weiteren Ablauf ist Kombination nötig. „Daß Entdeckungen am häufigsten und sichersten beim Beobachten neuer Tatsachen gemacht werden, liegt daran, daß nach einer solchen Beobachtung alsbald eine Menge neuer Beziehungen zu älteren Tatsachen sich darbieten, unter denen oft die eine oder andere so wichtig ist, daß sie als Entdeckung gelten kann. Aber man erkennt alsbald, daß es sich um zwei verschiedene Vorgänge handelt: das Gewahrwerden der neuen Tatsache und die Herstellung der Zusammenhänge zwischen ihr und anderen Tatsachen" [37].

Je hervorragender eine Entdeckung, desto allgemeingültiger und überraschender ist sie, und desto größer ist ihr bleibender Wahrheitsgehalt. Die erfolgreiche Erfindung andererseits kommt am ehesten zur Geltung, wenn sie einem breiten Zeitbedürfnis gerecht wird. „Um zu erfinden, muß man sich etwas vorstellen, was es noch nicht gibt, und die Erfindung besteht in dem Auffinden eines Weges, um ein solches Ideal zu verwirklichen. Die Vorstellung von diesem künftigen Dinge kann auf sehr verschiedene Weise entstehen. Zunächst unmittelbar als Wunsch oder Bedürfnis zur besseren Gestaltung des eigenen Daseins. Sodann kann die Aufgabe von einer anderen Person gestellt sein, wodurch eine etwas fernere, weniger gefühlsbetonte Einstellung bewirkt wird. Endlich kann das Erfinden als regelmäßige Beschäftigung, als Beruf betätigt werden, wobei die Aufgaben aus dem gewählten Arbeitskreise durch die Forderung des Tages erwachsen.

Für die Auffindung des richtigen oder wenigstens eines zum Ziele führenden Weges dient anfangs gleichfalls nur die Phantasie. Diese besteht bekanntlich in der freien oder willkürlichen Verknüpfung einzelner Elemente der persönlichen Erfahrung (einschließlich der etwa durch Nachricht von anderen oder aus Büchern gewonnenen Kenntnisse), wobei das Neue nur in der bisher nicht ausgeführten Verknüpfung und in neuen maßstäblichen Verhältnissen, nicht aber in der Beschaffenheit der Elemente liegt. Diese Unterscheidung wird sich später als sehr wichtig erweisen. Das Erfinden vollzieht sich nun so, daß durch jene Zukunftsvorstellung die Aufmerksamkeit darauf gerichtet wird, ob sich irgendwo und wie der gesuchte Weg zeigen will. Es braucht keine dauernde bewußte Einstellung der Aufmerksamkeit zu sein und ist es auch in den meisten Fällen nicht, am wenigsten in den Anfängen. Vielmehr wird im Unterbewußtsein gleichsam eine Falle aufgestellt, welche zuschnappt, wenn zufällig die gesuchte Verbindung sich herstellt unter den zahllosen anderen unwirksamen

Verbindungen, die durch den Kanal des täglichen Lebens fließen. Daher rührt das Gefühl der Überraschung, der Plötzlichkeit, wenn eine solche Verbindung sich herstellt und erfaßt wird. Denn sie ist ja nicht ausdrücklich gewollt worden, sondern ist nur eine von den unzähligen, die entstehen und verschwinden, ohne Folgen zu haben. Ja, wie jede Falle sich erst betätigt, wenn die Schwelle der zur Auslösung erforderlichen Energie überschritten wird, bei schwächeren Reizen aber in Ruhe bleibt, so mag die Lösung bereits einige Male vorhanden gewesen sein, sie war nur nicht als solche erkannt worden und blieb daher unwirksam“ [38].

Bedürfnisse können aber auch durch geeignete Erfindungen geweckt werden — eine Aufgabe der organisierten Werbung: „Bisher ist der Einfachheit wegen nur eine Seite der Erfindertätigkeit geschildert worden, nämlich der Fall, daß ein neuer Zweck vorliegt und daß dieser mit bekannten Mitteln erfüllt werden soll. Der Fall kann auch umgekehrt liegen, daß nämlich ein neues Mittel vorliegt und dafür die besten Zwecke oder Anwendungen gefunden werden sollen. Dies trat z. B. im größten Maßstabe ein, als durch SIEMENS Erfindung der Dynamomaschine elektrische Energie in fast unbeschränkter Menge zu einem damals unerhört niedrigen Preise zugänglich wurde und nun ein Gebiet der Technik nach dem anderen „elektrisiert“ wurde“ [39]. Ob bei Forschung und Entdeckung oder Erfindung, in allen Fällen tragen Willenskraft, Exaktheit und Selbstkritik entscheidend zum Erfolg bei. Wenn es an einer Eigenschaft mangelt („auf zehn Menschen mit hervorragendem Intellekt kommt höchstens einer mit hervorragendem Willen“), kann der Anschluß an einen willenskräftigen Lehrer einem noch unentwickelten Schüler zur Leistungssteigerung verhelfen.

7. W. Ostwalds Ideen heute

7.1. Weiterentwicklung der Geniologie

Als einer der ersten übernahm S. R. CAJAL einige von OSTWALDS Ideen in die deutsche Ausgabe seiner „Regeln und Ratschläge zur wissenschaftlichen Forschung“ [40]. Dieser spanische Hirnforscher hatte sich seit der Jahrhundertwende parallel zu W. OSTWALD mit dem Verhältnis von Forscher und Gesellschaft beschäftigt und war zu ganz ähnlichen Aussagen gekommen. Dabei stellt er die Willenskraft zur ständigen Polarisation des Gehirns auf das Problem neben die Inspiration durch die Natur: „Das jugendliche Gehirn besitzt eine hervorragende Bildungsfähigkeit, die durch Ansporn eines tatkräftigen Willens noch verbessert werden kann. Auf diese Weise kommen neue Gedankenverknüpfungen zustande, durch die das Urteil geläutert und verfeinert wird“

[41]. CAJAL ermutigt auch die „mittelmäßig Begabten“ damit: „Die Mängel der angeborenen Anlage können durch Übermaß von Arbeit und Aufmerksamkeit ausgeglichen werden“, verlangt allerdings: „alle überflüssigen Beschäftigungen und unnützen Gedanken über die nichtigen Kleinigkeiten des Lebens fallen lassen und mit stetigem Eifer und Aufmerksamkeit nur bei jenen Tatsachen verharren, welche sich ausschließlich auf das gegenwärtige Problem beziehen“ [42]. CAJALS Buch enthält manche Erkenntnis, die H. SELYE 1964 in seinem „From Dream to Discovery“ [43] wiederholt und vertieft, obwohl er weder S. R. CAJAL noch W. OSTWALD erwähnt hat.

Die idealen Grenztypen des Klassikers oder Romantikers werden in Subtypen eingeteilt, wobei CAJAL häufig Willensschwäche diagnostiziert, die den Erfolg von Begabungen verhindert:

Tabelle 3

Subtypen von Wissenschaftlern

S. R. CAJAL	H. SELYE
— der Beschauliche	der Faktensammler
	der Unverstandene
— der Bücherwurm	der Bücherwurm
— der Megalophile	der Emsigo
(Projektemacher)	der Analysierer
— der Organophile	der Gerätetechniker
(Gerätebauer u. Sammler)	und Gerätefreund
— der Theorienfabrikant	der Klassifizierer
der Fehlgeleitete	der Heilige
	der goody-goody (der Rücksichtsvolle)
	der bigboss
	der Kreditjäger

Die Qualifikationen, welche einen Wissenschaftler ausmachen sollten, teilt H. SELYE in 6 prinzipielle Kategorien ein, wobei auch der OSTWALDsche Terminus „Originalität“ verwendet wird:

1. Enthusiasmus und Ausdauer (Wille)
2. Originalität (Selbständigkeit des Denkens, Unvoreingenommenheit, Imagination, Intuition, (Genialität))
3. Intelligenz (Logik, Erfahrung, Gedächtnis, Konzentration, Abstraktion)
4. Moral
5. Naturverbundenheit (Beobachtungsgabe, technisches Geschick)
6. Umgang mit Menschen (Verständnis, Verträglichkeit, Überzeugungskraft, Organisierung eines Teams).

Abgesehen davon, daß H. SELYE keinen extra Organisator fordert, bezeichnet er in Übereinstimmung mit W. OSTWALD die Originalität als seltenste Gabe bei Wissenschaftlern, welche alles andere kompensieren kann. Daher sollen hier nur Komponenten der Originalität aus SELYEscher Sicht vorgestellt werden, um einen Vergleich zu W. OSTWALD zu ermöglichen: „The power of original, creative thought reflects an independent freshness of aspect. By independence of thought I mean particularly initiative and resourcefulness in taking the introductory step. This, in turn, depends upon imagination, the power to form a conscious idea of something not previously perceived in reality. ... The combined activity of first imagining and then fixing the important aspects of the imagined picture on to conscious reality is the basis of creative thought — the most elevating and satisfying activity of which the human mind is capable“ [44].

Beispiele für Entdeckungen durch Imagination geben: L. GALVANI, J. W. RITTER, K. RÖNTGEN, S. RINGER, CH. RICHET, H. HELMHOLTZ. „Intuition is the unconscious intelligence that leads to knowledge without reasoning or inferring. It is an immediate apprehension or cognition without rational thought. Intuition is the spark for all forms of originality, inventiveness and ingenuity. It is the flash needed to connect conscious thought with imagination“ [45].

Beispiele für intuitive Entdeckungen sind zahlreich bekannt geworden:

- UV-Strahlung (J. W. RITTER)
- Nervenpulsübertragung (O. LOEWI)
- Insulin (F. BANTING)
- Phagocytose (E. METCHNIKOFF)
- Infiltrationsanästhesie (C. SCHLEICH)
- Benzolstruktur (A. KEKULE)
- Periodensystem (D. MENDELEJEV)
- Fuchsfunktionen (H. POINCARÉ)
- Spezielle Relativitätstheorie (A. EINSTEIN)
- H. SELYE analysiert die Entdeckung des Streß-Syndroms in 7 physiologischen Stufen (love → fertilization → gestation → birth pangs → birth → examination → life).

Die Genialität schließlich sucht H. SELYE ähnlich wie W. OSTWALD zu umschreiben: „The term „genius“ has been used in a great variety of senses, but in science I believe its most outstanding characteristic is originality. ... In practice, however, it is very difficult to distinguish sharply between genius, superior intelligence, talent, and that degree of originality that borders on madness. The reason for this is that some measure of all of these qualities must combine to create a work of genius. ... Genius must not only be able to dream, but also to articulate those dreams. In science, this process of articulation, this work of translation into logically and experimentally verificable terms, requires talent, skill, and infinite attention to detail. ... Genius builds bridges between instinct and intellect, between feeling and logic" [46].

Diese Aphorismen verdeutlichen, daß prinzipielle Übereinstimmung zu W. OSTWALDS Auffassung besteht. Darüber hinaus ist H. SELYES Werk, ebenso wie eine Anzahl ähnlicher Untersuchungen [47, 48, 49], als eine wesentliche Vertiefung und Erweiterung der Geniologie OSTWALDS anzusehen. Diese Erweiterung betrifft u. a. die Analyse der Motivationen der geistigen Arbeit und die Wechselwirkung zwischen Einzelwissenschaftler und Kollektiv, was bei OSTWALD kaum diskutiert wird.

Motivationen können nach H. HIEBSCH [48] wirksam werden als:

- Erkenntnisstreben (nach Erkenntnisgewinn)
- Anerkennungsstreben (Selbstbestätigung)
- Erlebnisstreben (nach erregenden Eindrücken)
- Ehrgeizstreben (Wettkampf, Prestige)
- Egoistisches Streben (Karriere)
- Identifikationsstreben (mit den Zielen des Kollektivs und der Gesellschaft).

Die Vorteile der Leistungskooperation im Kollektiv sind bei den heutigen komplexen Fragestellungen unbestritten, jedoch erfolgt die Vereinigung von Denkmodellen aus mehreren Disziplinen schließlich immer in einem Gehirn [48]. Andererseits dürften die Störeinwirkungen auf kreative Tätigkeit seit OSTWALDS Zeiten in erschreckendem Maße angestiegen sein und Selbsthilfe ist geboten, da eine Abhilfe kaum zu erwarten ist. Vor allem stellt sich heute dringender denn je die Frage, welche vor 80 Jahren an W. OSTWALD gerichtet wurde, wie findet und fördert man die Kreativen? Für das Auffinden gelten noch dieselben Kriterien wie damals (vgl. 6.1.). Für die Förderung zeigen sich heute neue Möglichkeiten. So geben Leistungssportler Erfolgsbeispiele:

Die *Auslese* erfolgt aus einem breiten Angebot nach Veranlagung und Spezialleistung.

Die *Ausbildung* besteht in individuellem Spezialtraining unter optimalen Bedingungen.

Die *Erprobung* geschieht bei internationalen Wettkämpfen mit Stimulierung zu Höchstleistungen.

Die *Auszeichnung* durch Preise, Medaillen und Popularisierung in den Massenmedien verschafft weitere Erfolgserlebnisse.

Diese Grundsätze sind in folgender Weise auf die Heranbildung von Nachwuchswissenschaftlern übertragbar.

Auslese:

nach OSTWALDschen Kriterien (vgl. 6.1.) i keine Abitur- sondern Studiumsbegrenzung nur durch eine Aufnahmeprüfung (entrance examination).

Ausbildung:

Förderung des berufsmotivierten Lernens durch Arbeitsgemeinschaften. Flexibilität im Studiengang mit kleineren Seminargruppen unter Anleitung durch Experten. Langfristiges postgraduales Studium in führenden Laboratorien zur Inspiration,

Anerkennung:

Gewährung günstigster Arbeits- und Entwicklungsbedingungen unter Fernhaltung von Störungen. Stärkung von Enthusiasmus, Initiative und Risikofreudigkeit durch Einräumen von hinreichender Entscheidungsfreiheit.

Die Einführung eines solchen „Sportlermodells" [50] erscheint unumgänglich im Hinblick auf die ökonomischen Forderungen der Zukunft.

7.2. *Energetik und Evolution*

Die moderne Physik [52], insbesondere die Quantenfeldtheorie, scheinen W. OSTWALDS energetische Auffassungen zu stützen. Von keinem Geringeren als A. EINSTEIN [53] stammt der Ausspruch:

„Wir können daher Materie als den Bereich des Raumes betrachten, in dem das Feld extrem dicht ist. ... in dieser neuen Physik ist kein Platz für beides, Feld und Materie, denn das Feld ist die einzige Realität".

Auch H. WEYL [54] spricht von wandernden Energieknoten für Masseteilchen. W. OSTWALDS trivial erscheinender energetischer Imperativ: „Vergeude keine Energie, verwerte sie", d. h., arbeite mit dem höchstmöglichen Güteverhältnis (Wirkungsgrad), gilt heute mehr denn je. Seine energetische Begründung der Lebensmöglichkeit auf der Erde ist heute Allgemeingut geworden. In diesem Sinne hat er Recht behalten, während seine Erkenntnis der „dissipativen Vorgänge" (Wärmeleitung, magnetische Hysteresis, chemische Reaktionen „und noch manches andere") [56, 51] zu ungeahnter Bedeutung erst in jüngster Zeit gelangt ist [19]. OSTWALDS darwinistische Folgerungen und seine Trennung von Kausalität und Finalität haben in der Molekularbiologie eine Wandlung erfahren, in dem sie einerseits zur Teleonomie dialektisch verschmolzen sind und andererseits eine Kausalkette durch einen Zufall [55] auch gestört werden kann. Diese Auffassung wird durch zwei Molekülstrukturen repräsentiert, nämlich die teleonomischen Funktionen der Proteine und die kausalen Träger (nahezu) invarianter Information, die Nukleinsäuren.

Das komplementäre Zusammenspiel von Nukleinsäuren und Proteinen führt zur Selbstreproduktion und damit zu einer primitiven Form des Lebens.

Der Hyperzyklus (Abb. 6) nach M. EIGEN [57, 58] bildet dafür das kinetische Modell. Hierin sind kurze Ribonukleinsäuren als Informationsträger (I) mit Enzymen (E) wechselweise gekoppelt. In Abbildung 6 symbolisiert der kleine Kreis die Replikation der RNA, des Informationsträgers I_i, mit Hilfe des

Enzyms E_{i-1}. I_i realisiert danach über Transkription und Translation die Synthese weiterer Enzyme E_i, E_i', E_i'' usw. In dieser Kopplung erlangt derjenige Informationsträger mit der günstigeren Mutation das Übergewicht. Die weiteren Eigenschaften eines Hyperzyklus modellieren eine „lebensfähige" Orga-

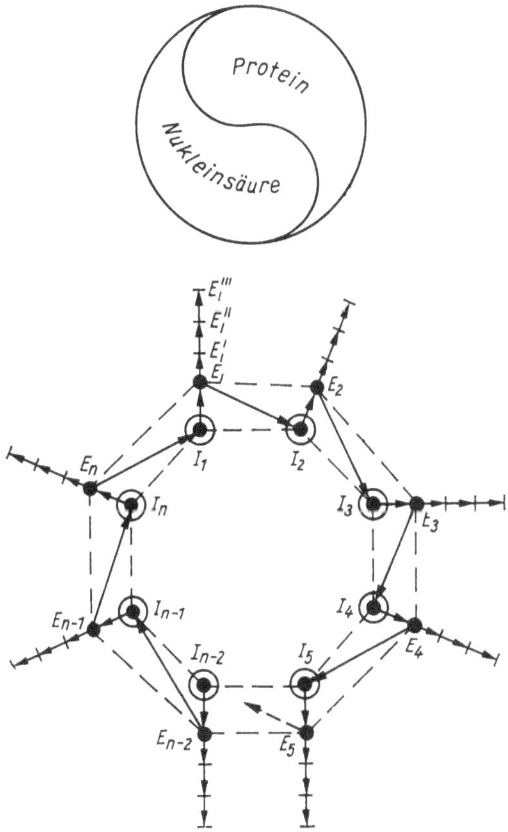

Abb. 6. Hyperzyklus nach M. Eigen [57].
I_i: Informationsträger
E_i', E_i'', E_i''' usw.: Enzyme und andere Proteine ($i = 1 \ldots n$)

nisation, was weder von Nukleinsäuren noch von Proteinen allein erfüllt werden kann. Der Hyperzyklus ist gleichzeitig das einfachste System für die Evolution von selbstreprozierenden Funktionsgliedern, wobei Gesetzmäßigkeit und Zufall zur Selektion vorteilhafterer Mutanten führen [62]. Dennoch muß gesagt werden, daß der Hyperzyklus nicht „der Weisheit letzter Schluß" sein kann. Vielmehr wird er in der Zelle erweitert durch das Riesenmolekül der DNA, welches einen vielfältigeren Enzympark kodiert und benötigt, um Stoffwechsel zu gewährleisten und Differenzierung zu ermöglichen. Aber auch dann — und damit kehren wir zum Ausgangspunkt zurück — bleibt das molekulare Wechselspiel zwischen Invarianz und Teleonomie sowie Kausalität und Zufall auf den zellulären und organismischen Ebenen erhalten.

In dieses molekulare Geschehen konnte W. OSTWALD noch keinen Einblick haben, da die Struktur der DNA und ihre Proteinkomplexe erst seit 1953 zunehmend aufgeklärt worden sind [59]. Heute enthält dieses imposante doppelhelikale Molekülmodell auch jene Ionentheorie, wozu S. ARRHENIUS, W. OSTWALD und W. NERNST den Grundstein gelegt haben [60]. Noch immer besteht es nur aus physikalisch-chemischen Bausteinen, was W. OSTWALD vorausgesagt hatte [61].

DARWINS Gesetz, das in W. OSTWALD neben E. HAECKEL einen konsequenten Verfechter in Deutschland fand, konnte heute auf die Ebene von Biopolymeren erweitert werden [57, 58, 62]. W. OSTWALDS Erkenntnisse überbrücken diese Spanne zwischen den Vorstellungen des 19. und 20. Jahrhunderts.

LITERATUR

[1] A. Oparin, Origin of Life, Academic Press N. Y. (1968)
[2]* W. Ostwald, Annalen d. Naturphilosophie **3**, 302–314 (1903)
[3]* W. Ostwald, S. 29
[4]* W. Ostwald, S. 21
[5] W. Ostwald, Lebenslinien. Bd. 2, 168, Klasing, Berlin (1933)
[6]* W. Ostwald, S. 23
[7]* W. Ostwald, S. 33
[8]* W. Ostwald, S. 44/45
[9] H. Berg, D. Germann, Ritter und Schelling, Empirie oder Spekulation in ‚Die Philosophie des jungen Schelling', Weimar 83 (1977)
[10] J. W. Ritter, Beweis, daß ein beständiger Galvanismus den Lebensprozeß im Thierreich begleite, Weimar (1798)
[11]* W. Ostwald, S. 22
[12] W. Ostwald, Die Mühle des Lebens, Physikalisch-chemische Grundlagen der Lebensvorgänge, Leipzig (1911)
[13]* W. Ostwald, S. 67
[14] E. Broda, The Evolution of the Bioenergetic Process, Oxford (1975)
[15]* W. Ostwald, S. 71
[16]* W. Ostwald, S. 50
[17]* W. Ostwald, S. 41
[18] L. v. Bertalanffy, Biophysik des Fließgleichgewichtes, Vieweg, Braunschweig (1953)
[19] I. Prigogine, P. Glansdorff, Thermodynamic Theory of Structure, Stability ans Fluctuations, Wiley, New York (1970)
[20] E. Schrödinger, Was ist Leben, dtsch., München, (1951)
[21] H. Selye, Streß without Distress, Toronto (1974)
[22]* W. Ostwald, S. 47ff.
[23]* W. Ostwald, S. 53 und 56
[24] A. de Candolle, Zur Geschichte der Wissenschaften und der Gelehrten seit 2 Jahrhunderten, Leipzig (1910)
[25] J. F. Abel, Rede über das Genie (14. 12. 1776). Werden große Geister geboren oder erzogen und welches sind die Merkmale derselbigen. Turmhahn Bücherei **21/22**. Chr., Scheufele, Stuttgart (1955)
[26] W. Ostwald, Große Männer, Studien zur Biologie des Genies, Leipzig (1910)
[27] W. Ostwald, Abbe unser Führer, Annalen d. Naturphilosophie **11**, 1 (1911)
[28] W. Ostwald, Wie ich zur Chemie kam, Rigaer Tageblatt **36** (1911) vom 1. 1.
[29] M. v. Ardenne, Ein glückliches Leben für Forschung und Technik, V. d. Nation, Berlin (1976)

* Die mit * bezeichneten Arbeiten W. Ostwalds sind in Bd. 257 von Ostwalds Klassiker der exakten Wissenschaften (Akademische Verlagsges. Leipzig 1978) enthalten.

[30] W. OSTWALD, Die Technik des Erfindens in Die Forderung des Tages, Leipzig 155–161 (1910)
[31]* W. OSTWALD, S. 78
[32]* W. OSTWALD, S. 78/79
[33] W. OSTWALD, Die Forderung des Tages, Leipzig 1910, 577–585
[34] W. OSTWALD, Scientia, Leipzig **6** N. 25–5, 3–21 u. N. 26–6, 3–16 (1912)
[35] W. OSTWALD, Lebenslinien, Bd. 3, 436, Klasing, Berlin (1933)
[36] Forschen und Nutzen, Wilhelm OSTWALD zur wiss. Arbeit, Herausgeber: G. LOTZ, L. DUNSCH, U. KRING, Berlin **28** (1978)
[37] a. a. O., S. 29
[38] a. a. O., S. 38
[39] a. a. O., S. 39
[40] R. Y. CAJAL, Regeln und Ratschläge zur wissenschaftlichen Forschung, München (1933)
[41] a. a. O., S. 30
[42] a. a. O., S. 30/31
[43] H, SELYE, From Dream to Discovery, On Being a Scientist, New York (1964)
[44] a. a. O., S. 42
[45] a. a. O., S. 45
[46] a. a. O., S. 67/68
[47] M. WERTHEIMER, Produktives Denken, Frankfurt/M. (1957)
[48] H. HIEBSCH, Wissenschaftspsychologie. Psychologische Fragen der Wissenschaftsorganisation. Berlin (1977)
[49] L. KÜTTNER, Gestützte Intuition, Wiss. u. Fortschr. **29**, **94** (1979)
[50] H. BERG, Auslese und Förderung schöpferischen Nachwuchses für Wissenschaft u. Technik, 23. Intern. Wiss. Koll. TH Ilmenau 75 (1978)
[51] R. SEMON, Die Mneme als erhaltendes Prinzip im Wechsel des organischen Geschehens. Verlag W. Engelmann, Leipzig (1904) Akadem. Verlagsges. Leipzig
[52] Fritjof CAPRA, The Tao of Physics, deutsch, O. W. Barth Verlag (1977)
[53] zitiert in M. CAPEK, The Philosophical Impact of Contemporary Physics, D. van Nostrand, Princeton 319 (1961)
[54] H. WEYL, Philosophy of Mathematics and Natural Science, Princeton 171 (1949)
[55] J. MONOD, Zufall und Notwendigkeit, R. PIPER, München (1971)
[56] W. OSTWALD, Das Problem der Zeit (vgl. S. 250–252) in Abhandlungen u. Vorträge, Akadem. Verlagsges. Leipzig (1916)
[57] M. EIGEN, Selforganization of Matter and the Evolution of Biological Makromolecules, Naturwiss. **58**, 465 (1971)
[58] M. EIGEN, P. SCHUSTER, Naturwiss. **64**, 541 (1977); **65**, 7 (1978); **65**, 341 (1978)
[59] J. WATSON, The Molecular Biology of the Gene, W. Benjamin, New York (1970)
[60] G. MILAZZO (Editor), Topics in Bioelectrochemistry and Bioenergetics, Wiley, Vol. I (1976), Vol. II (1978), Vol. III (1980), Vol. (1981)
[61] H. BERG, Der Formenwandel einer DNA-Doppelhelix in Lösung, an der Elektrode u. seine molekularbiol. Bedeutung. Abhandl. d. Sächs. Akad. Wi. zu Leipzig, Bd. 54, H. **4**, Akad.-V. Berlin 1981
[62] M. EIGEN, DARWIN und die Molekularbiologie, Angew. Chemie **93**, 221 (1981)

Heft 4 Prof. Dr.-Ing. Dr. h. c. KURT SCHWABE, Analytische Probleme des Umweltschutzes
1975. 28 Seiten — 9 Abbildungen — 2 Tabellen — 8° — M 3,50

Heft 5 Prof. Dr WOLFGANG BUCHHEIM, Die kopernikanische Wende und die Gravitation
1975. 36 Seiten — 2 Farbtafeln — 8° — M 5,—

Heft 6 Prof. Dr. HERMANN BERG, Photopolarographie und Photodymamic
1975. 19 Seiten — 2 Abbildungen — 2 Tabellen — 8° — M 3,—

Heft 7 Prof. Dr. MANFRED GERSCH, Probleme der Insektizide aus heutiger Sicht
1976. 36 Seiten — 9 Abbildungen — 2 Tabellen — 8° — M 4,—

Band 112

Heft 1 Prof. Dr. WALTER BREDNOW, Spiegel, Doppelspiegel und Spiegelungen — eine „wunderliche Symbolik" Goethes
1975. 28 Seiten — 4 Abbildungen — 8° — M 3,—

Heft 2 Prof. Dr. ARTUR LÖSCHE, Über negative absolute Temperaturen. Eine Einführung
1976. 26 Seiten — 12 Abbildungen — 8° — M 4,—

Heft 3 Prof. Dr. med. HERBERT JORDAN, Kurorttherapie: Prinzip und Probleme
1976. 31 Seiten — 10 Abbildungen — 1 Tabelle — 8° — M 4,50

Heft 4 Prof. Dr. FRIEDRICH WOLF / Dr. PETER FRÖHLICH, Zur Druckabhängigkeit von Ionenaustauschreaktionen
1977. 13 Seiten — 6 Abbildungen — 1 Tabelle — 8° — M 2,—

Heft 5 Prof. Dr. DIETRICH UHLMANN, Möglichkeiten und Grenzen einer Regenerierung geschädigter Ökosysteme
1977. 50 Seiten — 20 Abbildungen — 2 Tabellen — 8° — M 6,50

Heft 6 Prof. Dr. ERICH RAMMLER, Zwei Jahrzehnte Entwicklung des Einsatzes der Energieträger Kohle und Erdöl im Weltmaßstab
1977. 29 Seiten — 6 Abbildungen — 4 Tabellen — 8° — M 4,—

Heft 7 Prof. Dr. ULRICH FREIMUTH, Umweltprobleme in der Ernährung
1977. 32 Seiten — 3 Abbildungen — 4 Tabellen — 8° — M 4,—

Band 113

Heft 1 Prof. Dr. ERICH LANGE, Allgemeingültige Veranschaulichung des II. Hauptsatzes
1978. 22 Seiten — 10 graph. Darst. — 8° — M 4,—

Heft 2 Prof. Dr. HERBERT BECKERT, Bemerkungen zur Theorie der Stabilität
1977. 19 Seiten — 8° — M 2,50

Heft 3 Prof. Dr. KLAUS DÖRTER, Probleme und Erfahrungen bei der Entwicklung einer intensiven landwirtschaftlichen Produktion im Landschaftsschutzgebiet des Harzes
1978. 20 Seiten — 6 Abbildungen, davon 4 farbige — 2 Tafeln auf 2 Tabellen — 8° — M 7,—

Heft 4 Prof. Dr. sc. med. HANS DRISCHEL, Elektromagnetische Felder und Lebewesen
1978. 31 Seiten — 14 Abbildungen — 2 Tabellen — 8° — M 5,—

Heft 5 Prof. Dr. MANFRED GERSCH, Wachstum und Wachstumsregulatoren der Krebse. Biologische Erkentnisse und generelle Erwägungen.
1979. 32 Seiten — 13 Abbildungen — 1 Tabelle — 8° — M 6,—

Heft 6 Prof. Dr. rer. nat. FRIEDRICH WOLF / Dr. rer. nat. URSULA KOCH, Über den Einfluß der chemischen Struktur von Dispersionsfarbstoffen auf deren Dispersionsstabilität
1979. 18 Seiten — 3 Abbildungen — 10 Tabellen — 8° — M 3,50

Heft 7 Prof. Dr. rer. nat. FRIEDRICH WOLF / Dr. rer. nat. WOLFGANG HEYER, Zur Sorption an Tetracalciumaluminathydroxisalzen
1980. 12 Seiten — 5 Abbildungen — 4 Tabellen — 8° — M 2,—

Band 114

Heft 1 Prof. Dr HASSO ESSBACH, Morphologisches zur orthologischen und pathologischen Differenzierung und zum Anpassungs- und Abwehrvermögen der menschlichen Placenta
1980. 19 Seiten — 12 Abbildungen — 8° — M 4,—

Heft 2 Prof. Dr. med. WERNER RIES, Risikofaktoren des Alterns aus klinischer Sicht
1980. 19 Seiten — 9 Abbildungen, davon 1 Abbildung auf Tafel — 8° — M 4,—

Heft 3 Prof. Dr. OTT-HEINRICH KELLER, Anschaulichkeit und Eleganz beim Alexanderschen Dualitätssatz
1980. 19 Seiten — 8° — M 4,—

Heft 4 Prof. Dr. rer. nat. Benno Parthier, Die cytologische Symbiose am Beispiel der Biogenese von Zellorganellen 1981. 29 Seiten – 16 Abbildungen – 8° – M 6,–

Heft 5 Prof. Dr. F. Wolf / Dr. S. Eckert / Dr. M. Weise / Dr S. Lindau, Untersuchungen zur Synthese und Anwendung bipolarer Ionenaustauschharze 1980. 12 Seiten – 6 Tabellen – 8° – M 2,–

Heft 6 Prof. Dr. med. Herbert Jordan, Balneobioklimatologie – Eine Zielstellung im Mensch-Umwelt-Konzept *In Vorbereitung*

Band 115

Heft 1 Prof. Dr. rer. nat. Hermann Berg, Wilhelm Ostwald – Erkenntnisse über die Biosphäre *Vorliegendes Heft*

Heft 2 Prof. Dr. sc. Klaus Dörter, Aphorismen zur Qualität des Bewässerungswassers *In Vorbereitung*

Heft 3 Prof. Dr. Ing Dr. rer. nat. h c. Paul Görlich, Die geschichtliche Entwicklung des wissenschaftlichen Gerätebaus und seine zukünftige Bedeutung 1981. 36 Seiten – 8° – M 6,–

Heft 4 Prof. Dr. Wolfgang Buchheim, Albert Einstein als Wegbereiter nachklassischer Physik 1981. 29 Seiten – 8° – M 4,–

Heft 5 Prof. Dr.-Ing. Herbert Krug, Die Technologie der Brikettierung von Weichbraunkohle im Lichte der Verfahrenstechnik und der besseren Nutzung dieses Energieträgers *In Vorbereitung*

Heft 6 Prof. Dr. Ernst Neef, Der Verlust der Anschaulichkeit in der Geographie und das Problem der Kulturlandschaft *In Vorbereitung*

Einzel- oder Fortsetzungsbestellungen durch eine Buchhandlung erbeten

Sitzungsberichte bis Band 108
durch das Zentralantiquariat der Deutschen Demokratischen Republik, Leipzig,
ab Band 109 durch den Akademie-Verlag, Berlin, zum Teil noch lieferbar

THEORIA CUM PRAXI

AKADEMIE-VERLAG

DDR-1080 Berlin, Leipziger Straße 3–4

FSC
www.fsc.org
MIX
Papier | Fördert
gute Waldnutzung
FSC® C083411

Zeitfracht Medien GmbH
Ferdinand-Jühlke-Straße 7
99095 Erfurt, Deutschland
produktsicherheit@kolibri360.de